Hammami Moncef

Performances et Identification du Lait Ovin Selon la Source Protéique

Hammami Moncef

Performances et Identification du Lait Ovin Selon la Source Protéique

Identification du lait de brebis, selon la source
protéique, par les méthodes spectroscopiques

Presses Académiques Francophones

Impressum / Mentions légales
Bibliografische Information der Deutschen Nationalbibliothek: Die Deutsche Nationalbibliothek verzeichnet diese Publikation in der Deutschen Nationalbibliografie; detaillierte bibliografische Daten sind im Internet über http://dnb.d-nb.de abrufbar.

Information bibliographique publiée par la Deutsche Nationalbibliothek: La Deutsche Nationalbibliothek inscrit cette publication à la Deutsche Nationalbibliografie; des données bibliographiques détaillées sont disponibles sur internet à l'adresse http://dnb.d-nb.de.

Coverbild / Photo de couverture: www.ingimage.com

Verlag / Editeur:
Presses Académiques Francophones
ist ein Imprint der / est une marque déposée de
OmniScriptum GmbH & Co. KG
Bahnhofstraße 28, 66111 Saarbrücken, Deutschland / Allemagne
Email: info@presses-academiques.com

Herstellung: siehe letzte Seite /
Impression: voir la dernière page
ISBN: 978-3-8416-3658-4

TABLE DES MATIERES

Chapitre 2 :
Etude de la qualité du lait par les méthodes de Spectroscopie de Fluorescence Frontale et moyen infrarouge.

RESUME

L'objectif de cette thèse a été d'étudier les effets du remplacement partiel du Tourteau de soja (source protéique importée) par la féverole (source protéique locale) dans la formulation des concentrés, sur les performances de production ainsi que la qualité du lait chez la race ovine Sicilo-Sarde durant la période d'allaitement. Dans la première partie de cette thèse, nous avons étudié l'effet de deux concentrés (le premier à base de féverole et le deuxième à base tourteau de soja) comparés à un concentré commercial sur les performances de production laitière des brebis et pondérales des agneaux. Les résultats ont montré que la production totale du lait a été plus élevée (P < 0,05) chez les brebis recevant la féverole (75 l) comparativement a celles recevant le concentré à base de tourteau de soja (67 l) et le concentré commercial (64 l). Les taux butyreux et protéique et la teneur en lactose ainsi que la croissance pondérale des agneaux sont comparables pour les trois lots.

Le deuxième chapitre a été consacré à l'étude de la qualité du lait par spectroscopie de fluorescence frontale (SFF) et moyen infrarouge (MIR) et ce pour deux objectifs :
- Le premier est nutritionnel - physiologique et consiste à étudier la qualité du lait et déterminer les différents composants même à l'état de traces.
- Le deuxième est méthodologique-pratique et s'intéresse à la possibilité de classification des laits de différentes origines et/ou régimes alimentaires. Les 20 premières composantes principales des ACP réalisées sur chaque jeu de données: (MIR +SFF) ont été collées les unes à la suite des autres (concaténation) et la matrice ainsi formée est traitée par AFD. Une meilleure discrimination des laits selon la source protéique utilisée en complémentation (**98%** des échantillons ont été correctement classés) a été obtenue.

Mots clés: *Féverole, Tourteau de Soja, Ovins, Lait, Spectroscopie de Fluorescence Frontale, Spectroscopie Moyen Infrarouge.*

Liste des abréviations

AAA	:	Acides Aminés Aromatiques
ACP	:	Analyse en Composantes Principales
AFD	:	Analyse Factorielle Discriminante
AN	:	Acides Nucléiques
ADF	:	Acid Detergent Fiber (lignocelluloses)
CB	:	Cellulose Brute
CH$_4$	:	Méthane
CMV	:	Complément Minéral et Vitaminé
ESM	:	Erreur Standard de la Moyenne
ENITA-CF	:	Ecole Nationale d'Ingénieurs des Travaux Agricoles de Clermont-Ferrand
F	:	Régime Fèverole
GMQ	:	Gain Moyen Quotidien
MAT	:	Matières Azotées Totales
MM	:	Matières Minérales
MO	:	Matières Organiques
MSI	:	Matière Sèche Ingérée
MIR	:	Moyen infrarouge
nm	:	Nanomètre
RTA	:	Réflexion Totale Atténuée
S	:	Régime Soja
SFF	:	Spectroscopie de Fluorescence Frontale
PL/B/j	:	Production Laitière par Brebis par jour
PLT/B	:	Production Laitière Totale par brebis
TB	:	Taux Butyreux
TP	:	Taux Protéique

Liste des tableaux

Liste des figures

INTRODUCTION GENERALE

Dans le contexte agricole actuel, la bonne gestion des productions animales et de leurs dérivés reste une préoccupation majeure des pays de la rive sud de la Méditerranée. Ces derniers sont confrontés aux aléas climatiques, à l'autosuffisance alimentaire, notamment en productions animales, et à la réforme du secteur agricole surtout après la signature des accords de libre échange avec les pays européens. Il est prévu que la croissance future de la production animale, à l'echelle mondiale, soit essentiellement basée sur l'augmentation de l'utilisation des aliments concentrés (FAO, 2006) Depuis des décennies, la nutrition azotée des ruminants est une préoccupation majeure des chercheurs à cause des particularités digestives de ces animaux. Chez les ruminants, les aliments ingérés ne correspondent pas directement aux nutriments que l'animal va absorber. De nombreux travaux (Journet et *al.*, 1983 ; Chenost, 1987) ont montré que la valorisation des rations par les animaux passe par une meilleure nutrition azotée des micro-organismes du rumen. Dans la plupart des essais, l'objectif principal a été d'étudier l'effet de l'accroissement des apports de protéines des régimes alimentaires sur les quantités ingérées et les performances des animaux. Par ailleurs, la production des protéines des ruminants peut être limitée par des apports insuffisants en certains acides aminés (AA) appelés AA essentiels. En effet, la composition des acides aminés digérés par les ruminants n'est pas constante. Si la part des protéines microbiennes et leur composition en AA relativement constante tamponnent les variations de la composition en AA des contenus intestinaux, celle-ci varie en fonction de la composition en AA de la ration et de sa richesse en protéines peu dégradables (Rulquin et *al.*, 2001).

1

En Tunisie, le cheptel ovin laitier qui compte environ 8 000 unités femelles (E.S.E.A, 2005) est détenu essentiellement par les fermes du secteur organisé et en moindre importance par les éleveurs privés. La Sicilo-Sarde est presque l'unique race à vocation laitière en Tunisie, elle est localisée dans les régions du Nord du pays (Mateur et Béja) et se caractérise par une faible productivité laitière qui varie entre 60 et 120 kg/an (Moujahed et *al*., 2009). Au cours de la dernière décennie, cette race a commencé à avoir un regain d'intérêt auprès des organismes de développement et des éleveurs et ceci grâce à la politique des prix du lait et l'encouragement de la production agricole (Moujahed et *al*., 2008). L'alimentation de cette brebis laitière est basée sur le pâturage d'herbe et les fourrages grossiers comme ration de base et une complémentation en aliments concentrés durant presque toute l'année (Rouissi et *al*., 2008). Les performances de production des brebis laitières dépendent largement d'une alimentation ciblée (Bocquier et Caja 2001) nécessitant une complémentation en aliments concentrés dans les phases aux besoins élevés telles que la gestation et la période d'allaitement. Durant ces dernières années, la conjoncture économique mondiale a entraîné la hausse des prix du maïs et du soja qui constituent les matières premières de base dans la formulation des aliments concentrés des animaux d'élevage. Ainsi, la recherche d'autres alternatives telles que leur remplacement total ou partiel par des ressources alimentaires locales (Orge, féverole…..) s'impose.

Le lait des brebis est quasi exclusivement destiné à la fabrication de fromages. La qualité sensorielle des fromages dépend de plusieurs facteurs liés à la fois à la technologie de fabrication et caractéristiques chimiques et microbiologiques du lait. Cette qualité doit répondre et s'adapter à l'émergence de nouvelles exigences du citoyen consommateur qui manifeste un réel engouement pour les produits dits traditionnels qui s'appuient sur la notion du terroir pour affirmer leur typicité. Cette notion de terroir recouvre des facteurs humains et naturels liés à une zone géographique (Grappin et Coulon, 1996). Le caractère original de ces produits constitue aussi un facteur de préférence qui justifie l'importance accordée aujourd'hui à la défense des signes de qualité (Appellation d'Origine Contrôlée (AOC),

2

Appellation d'Origine Protégée (AOP) et Indication Géographique Protégée (IGP). Ainsi, les choix des cosommateurs tendent à s'orienter vers des aliments plus sains, plus nutritifs, plus savoureux et produits selon des methodes plus respectueuses de l'environnement. L'authentification des produits alimentaires est une préoccupation majeure, non seulement, des consommateurs mais aussi des producteurs et des distributeurs. Le marché des aliments présentant un signe distinctif de qualité tel le cas de fromages bénéficiant d'uneAOC, AOP ou IGP est en progression constante ces dernières années. Le caractère original ou typique de ces produits constitue un facteur de préférence qui justifie l'importance accordée aujourd'hui à la promotion et à la défense des signes de qualité. Si ces produits sont valorisés par un prix élevé par rapport aux autres, il est important que les fraudes puissent être détectées. L'authentification de ces produits alimentaires suscite de plus en plus une attention particulière. Pouvoir donner une information sur l'identité du produit nécessite le développement et la mise en oeuvre de méthodes analytiques. Concrètement, l'industrie agroalimentaire est aujourd'hui confrontée à un triple défi: elle doit fabriquer un produit final de qualité constante à partir d'une matière première variable, tout en assurant une traçabilité et une information dans un environnement concurentiel exacerbé nécessitant une reduction des coûts de fabrication. Dans ce contexte, la demande des industriels de l'agroalimentaire en méthodes et applications pour assurer le contrôle de la qualité et l'authentification des produits alimentaires est en trés forte croissance. Actuellement, les laboratoires de recherche disposent d'un large éventail de techniques qu'ils peuvent utiliser pour caractériser ces produits. Récemment, des méthodes basées sur les techniques spectroscopiques telles que , la spectroscopie de fluorescence frontale et la spectroscopie infrarouge ont été utilisées pour caractériser les produits alimentaires (Dufour et al., 2003; Karoui et al., 2005 ; Karoui et al., 2007; Maâmouri et al., 2008; Boubellouta et Dufour, 2008...). Ces méthodes spectrales présentent l'avantage d'être rapides. Elles fournissent des données spectrales, dites de type "empreinte digitale", caractéristiques du produit et qui contiennent une information sur son identité.

Ce travail a été mené dans le but de répondre à deux questions principales constituantes les deux chapitres de cet ouvrage.

(i) Quel est l'effet de la nature de la source azotée sur les performances zootechniques des brebis Sicilo-Sarde ?

(ii) Quelles sont les potentialités des spectroscopies de fluorescence et infrarouge à déterminer l'effet de la nature de la source azotée sur la qualité du lait de brebis de race Sicilo-Sarde au cours de la période d'allaitement ?

Nous avons donc entrepris une étude expérimentale pour évaluer la réponse des animaux à travers les performances zootechniques. Ensuite, nous avons procédé- en collaboration avec l'Unité de Recherches : Typicité des Produits Alimentaires de l'ENITA de Clermont-Ferrand (France) - à une mise en œuvre des techniques de spectroscopies de fluorescence et moyen infrarouge au laboratoire de biophysique de l'ENITA Clermont - Ferrand pour discriminer le lait de brebis alimentées de différentes sources azotées.

Chapitre 1 :

Effet de la Source Proteique sur les Performances Laitieres des Brebis Sicilo-Sarde au cours de la Phase D'allaitement.

I. Introduction

En Tunisie, le système de conduite traditionnelle des brebis laitières est fondé sur une période d'allaitement exclusif de deux mois qui se termine par le sevrage progressif des agneaux. Cette phase d'allaitement précède la période de traite qui dure plusieurs mois. L'étude de la production laitière pendant la phase initiale d'allaitement demeure un sujet d'actualité. Généralement, les changements de conduite et d'alimentation, pendant l'allaitement, ont des effets directs importants sur le lait et sa composition. En effet, l'alimentation des brebis module simultanément la quantité et la composition du lait produit.

Les ressources fourragères, étroitement liées aux conditions climatiques qui sévissent dans le pays, sont peu diversifiées et présentent souvent une faible valeur alimentaire. En Tunisie, la race ovine Sicilo-Sarde a commence à avoir un regain d'intérêt surtout auprés des organismes de développement et des groupements d'éleveurs grâce à la politique des prix du lait. L'alimentation de cette brebis laitière est basée sur le pâturage (chaumes, orge en vert, parcours), avec un recours fréquent aux foins et aux concentrés pendant les périodes de soudures pour améliorer les performances des animaux (Rouissi et *al*, 2008b). Les aliments concentrés sont constitués de matières premières importées essentiellement le maïs et le tourteau de soja. L'importation de ces ingrédients coûte très chère au pays, surtout dans la conjoncture économique mondiale caractérisée par la hausse des prix de ces ingrédients. Il est donc impératif de chercher des ressources alimentaires alternatives pour réduire le coût de la production. Ainsi, le remplacement total ou partiel des matières premières importées par des ressources alimentaires locales telles que la féverole est une alternative à tester. Le présent travail a pour objectif d'étudier les effets de la substitution du tourteau de soja par la féverole sur les performances laitières (quantité et la qualité physico- chimique) des brebis au cours de la phase d'allaitement ainsi que la croissance aux âges types des agneaux.

II. Objectif

Le présent travail a pour objectif d'étudier les effets de la substitution partielle du tourteau de soja par la féverole dans la formulation du concentré des ovins laitiérs sur les performances laitières , la qualité physico-chimique du lait des brebis Sicilo-Sarde ainsi que la croissance aux âges types des agneaux au cours de la phase d'allaitement.

III. Matériels et Méthodes

1. Matériel Animal

Quarante cinq (45) brebis de race Sicilo- Sarde issues d'un même troupeau appartenant à l'Agro-Combinat Ghézala- Mateur (O.T.D), ont été réparties en trois lots homogènes selon le poids : 51,3 (5,7) kg pour le lot recevant un concentré commercial (C), 51,9 (4,9) kg pour le lot soja (S) et 52 (5,4) kg pour le lot féverole (F), le numéro de lactation : 2,4 (0,9) pour le lot (C), 2,6 (0,9) pour le lot (S) et 2,6 (0,8) pour le lot (F) et la taille de la portée : 1,47 (0,5) pour le lot (C), 1,4 (0,5) pour le lot (S) et 1,5 (0,5) pour le lot (F). IL convient de noter que les pesées des brebis et leur répartition dans les 3 lots ont été effectuées en fin de gestation.

2. Régimes Alimentaires

Les brebis des trois lots ont reçu quotidiènnement, à partir du dernier 1/3 de gestation et durant les 11 semaines après agnelage, du foin d'avoine à volonté et 500g de concentré par tête.Trois concentrés pour ovins laitiérs ont été utilisés, le premier est commercial et est composé essentiellement de maïs et de soja (lot C), le deuxième est composé d'orge « *Hordeum vulgare L.* » et de tourteau de soja (lot S) et le troisième est local et renferme l'orge et la féverole « *Vicia faba L.* » (lot F). Les trois concentrés sont iso énergétiques et iso azotés. Le foin a une valeur alimentaire de 0,54 UFL, 54 g PDIN et 36 g PDIE, quant aux concentrés, leurs composition centésimale, chimique et valeur alimentaire sont illustrées respectivement dans les tableaux 1-2.

Tableau 1: Composition centésimale (%) des aliments concentrés

Ingrédients	Concentré (C)	Concentré (S)	Concentré (F)
Orge	35	82,5	71,5
Maïs	30	00	00
T. soja	15	13,5	07
Féverole	00	00	17,5
Son de blé	15	00	00
C.M.V	05	04	04

C.M.V : Complément minéral et vitaminique

Tableau 2: Composition chimique et valeur alimentaire des ingrédients, des aliments concentrés et du foin.

	MS	MAT	CBT	MM	MO	PDIN	PDIE	UFL
T. Soja	90,5	46,8	8,4	15,9	84,1	322	237	1,02
Féverole	90,9	24,8	10,6	13	87	166	113	0,98
Orge	89,2	10 ,2	6,4	13,8	86, 2	71,3	91,6	1,01
Concentré (C)	90	15,8	5,1	6,4	93,6	94,7	104,9	0,92
Concentré (S)	89	16,8	9,4	11,1	88, 9	99	103	0,96
Concentré (F)	89	16,2	7,6	7,3	92,7	96	95	0,96
Foin d'avoine	84	5,2	39,7	7,8	92,2	36	54	0,54

MS : Matière sèche, MAT : Matière azotée totale, MM : Matière minérale, MO : Matière organique, PDIN : Protéines Digestibles dans l'Intestin provenant de l'Energie, PDIE : Protéines Digestibles dans l'Intestin provenant de l'Azote, UFL : Unité Fourragère Lait.

Il convient de noter que les agneaux de chaque lot ont reçu un creep- feeding sous forme de foin et de concentré (150g/tête/jour) durant la période allant de 30jours d'age jusqu'à la fin de l'essai. L'abreuvement à été en permanence à la disposition des brebis et est renouvelé deux fois par jour.

3. Bâtiments

L'essai s'est déroulé dans la bergerie de l'Agro-Combinat Ghézala -Mateur (OTD) sise dans la région de Mateur. Les brebis ont été réparties en trois lots homogènes dans trois compartiments de mêmes dimensions séparés par un grillage et ayant les caractéristiques suivantes: une partie couverte pour abriter les animaux contre les aléas climatiques de surface 20 m^2 et une partie identique non couverte servant comme aire d'exercice. Chaque compartiment est équipé de deux râteliers en fer de longueur 2,5m chacun pour les fourrages grossiers, d'une mangeoire pour la distribution de concentré et un abreuvoir collectif.

4. Mesures et Analyses

4. 1. Mesures de l'ingestion

La période expérimentale de mesure de l'ingestion (durée 8 semaines) a été précédée par une période d'adaptation au régime alimentaire d'une durée de quatre semaines. Le nombre d'animaux utilisés est identique pour les trois lots (15 brebis/lot). Le concentré a été distribué en 2 fois /jour. Le fourrage a été distribué 2 fois/jour (à 8H et 16H) et les quantités offertes ont été ajustées de sorte que les refus soient d'environ 15%. Les quantités volontairement ingérées pour chaque lot ont été déterminées quotidiennement sur une période expérimentale de 60 jours. Au cours de la période de mesures, les quantités distribuées et celles refusées sont pesées quotidiennement, des échantillons représentatifs de repas et de refus ont été prélevés - deux fois par semaine- pour effectuer les analyses.

4. 2. Evolution du poids vif des brebis

Tous les animaux adultes ont été pesés le mardi de chaque semaine avant la distribution du repas de la matinée (à jeun) et dans des conditions toujours similaires et ce durant toute la période de l'essai. Ces pesées ont servi au suivi de l'évolution du poids vif des brebis de chaque lot.

4. 3. Composition Chimique des Aliments

La matière sèche du foin distribué et des quantités refusées a été déterminée à raison de deux fois par semaine sur des échantillons placés dans une étuve ventilée à 105° C jusqu'à poids constant. Les teneurs en matières minérales, matières azotées totales, cellulose brut du foin et des aliments concentrés utilisés ont été déterminées sur des échantillons séchés à 50°C et broyés à travers une grille de 1mm selon les techniques de l'A.O.A.C (1985). Les valeurs énergétiques (UFL) et azotées (PDIE, PDIN) des aliments expérimentaux ont été déterminées en utilisant les formules de sauvant (1981):

UFL/Kg MS = (1,218(100-teneur en eau - cendres) + 0,11 MAT − 1,81CB + 1,26 MG)/ 100.

PDIE = 5,14 MAT − (4,8 MAT * 0,4) − 0,8 CB + 68,8 MO/100.

PDIN = 7,44 MAT − (2*MAT * 0,4) + 1,2 MO/100.

Toutes les analyses relatives à la composition chimique des aliments ont été effectuées au laboratoire de Nutrition Animale de l'ESA Mateur.

4. 4. Contrôle Laitier Quantitatif

Nous avons procédé à des contrôles laitiers individuels chaque mercredi durant toute la période d'allaitement. A 10 h du matin on sépare les agneaux de leurs mères, les brebis sont ensuite traites pour vider complètement la mamelle. A 14h, on fait la traite manuelle de chacune des brebis des trois lots. La quantité de lait mesurée à l'aide d'une éprouvette graduée est multipliée par six (6) afin de trouver la quantité de lait produite par jour.

4. 5. Qualité Physico-Chimique du lait

Apres chaque contrôle laitier, des échantillons de lait de chaque brebis pour chaque lot ont été prélevés puis mélangés pour obtenir un échantillon du mélange qui à servi pour mesurer le pH et déterminer la qualité physico-chimique à l'aide d'un LACTOSCAN (milkotronic LTD, serial n° 4696, Hungary). Les paramètres qualitatifs mesurés sont : la densité, la matière grasse(MG), la matière protéique(MP), l'extrait sec dégraissé(ESD), le lactose, les cendres et le point de congélation. Les analyses ont été effectuées au laboratoire des Industries Agro-alimentaires de l'ESA Mateur.

4.6. Suivi de la croissance des agneaux

Pour déterminer la croissance aux âges types des agneaux, les pesées ont été effectuées quotidiennement. Chaque agneau ou agnelle a été pesé systématiquement à la naissance, à l'âge de 10j, 50j et 70j. Les Gains Moyens Quotidiens (GMQ10-30j, GMQ30-50j et GMQ30-70j) ont été déterminés pour étudier les performances pondérales moyennes de chaque lot.

4.7. Analyses statistiques

Les données moyennes des paramètres mesurés (croissance aux ages types des agneaux, quantités de lait produit par lot, la densité, MG, MP, ESD, et le lactose) ont été étudiés par analyse de la variance en utilisant la procédure GLM du système SAS (1989). Les moyennes ont été comparées par un test Duncan. Le modèle linéaire utilisé est de type:

$$Y_{ij} = \mu + R_i + E_{ij}$$

Avec:

Y_{ij}: Paramètre Mesuré.

μ: Moyenne

R_i: Effet du i éme Régime (1, 2, 3)

E_{ij}: Erreur Résiduelle

11

IV. Résultats et discussion

1. Ingestion volontaire de la MS du foin

Les quantités volontairement ingérées du foin chez les brebis des 3 lots sont en moyenne de 1,56 kg de MS/brebis/j, 1,66 kg de MS/brebis/j et 1,70 kg MS/brebis/j respectivement pour le lot (C), le lot Féverole (F) et le lot Soja (S). Ces valeurs sont considérées acceptables par rapport à ce qui est généralement admis. Ceci pourrait s'expliquer avec la qualité relativement bonne du foin (0,54UFL) ainsi que le niveau de la complémentation en concentré. En effet, les quantités de concentré distribué pour les brebis sont telles que les conditions de fermentation dans le rumen soient favorables à une prolifération bactérienne et en conséquence l'ingestion des fourrages est maximale (Chermiti, 1994). L'examen de la courbe de l'ingestion volontaire du foin chez les brebis (Figure1), fait apparaitre que les mêmes tendances de variation de l'ingestion sont observées avec les 3 lots avec une légère supériorité pour le lot (S) et (F) par rapport au lot (C) Ceci pourrait être expliqué par la teneur en MAT des concentrés (S) et (F) relativement élevé par rapport à celle du concentré (C). En effet, Journet et *al.* (1983), ont montré une forte relation entre l'accroissement de la teneur azotée des régimes et les quantités ingérées. Ils ont attribué cet effet à une amélioration de la digestion ruminale. L'azote dégradable permet un accroissement de l'activité cellulolytique dans le rumen, le temps de séjour des aliments diminue, le transit digestif s'améliore ainsi l'ingestion se trouve stimulée (Chénost, 1987). Cette ingestion plus elevée s'est traduite par une augmentation du poids vif des brebis et de leur niveau de production laitière.

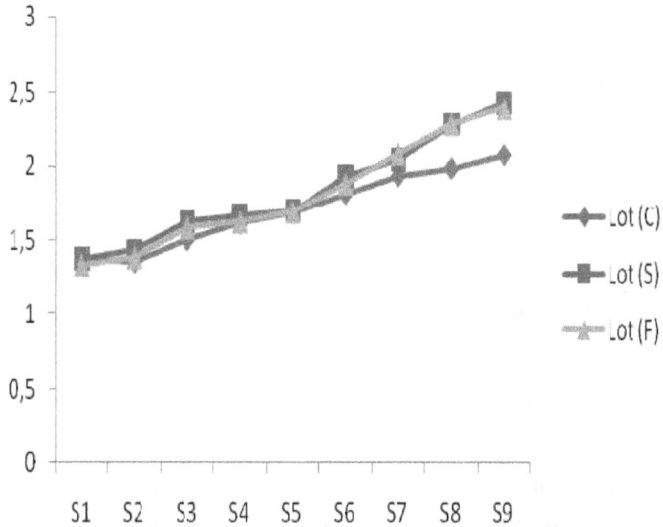

Figure1 : Evolution de l'ingestion volontaire de la MS du foin

2. Evolution du poids vif des brebis

Les poids des brebis des trois lots étaient comparables (p>0,05) (Figure 2). Ce qui corrobore avec les résultats avancés par Selmi et *al.* (2010). Les poids oscillaient entre 42,7 et 48,2 Kg pour les brebis du lot F, entre 43et 47 Kg pour celles du lot S et entre 43,2 et 46,7Kg pour les animaux du lot C. Le pic du poids vif a été atteint au cours de la 2ème semaine : 48,2 Kg et 47 Kg pour les brebis du lot Fet du lot S respectivement. Alors que le poids moyen minimal enregistré est de 42,7 Kg pour le lot F et 44,9 Kg pour le lot S qui sont atteints vers la sixième semaine de lactation. Cette tendance explique la perte de poids vif due à la mobilisation des réserves corporelles en pic de lactation .Vers la fin de la période d'allaitement, les brebis commencent à gagner de poids qui atteint une moyenne d'environ 45 Kg pour les 3 lots. Pour le lot C, le poids maximum (46,7 Kg) est observé vers la quatrième semaine après agnelage et le minimum (43,4Kg) vers la septième semaine de lactation.

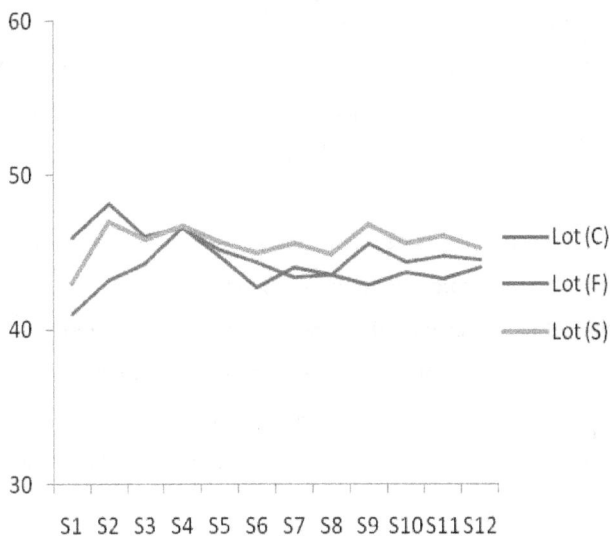

Figure 2: Evolution du poids vif des brebis des 3 lots

3. Niveau de production laitière

Les quantités moyennes de lait total produit par les brebis des 3 lots ainsi que les moyennes de production par brebis et par jour sont illustrées dans le tableau 3.

Tableau 3: Niveau de production laitière

	Lot (C)	Lot (S)	Lot (F)	ESM
Lait total/brebis (l)	64,10 (23,3)	67,16 (19,4)	75,21 (31)	10,8
Lait/brebis/jour (ml)	974 (426,6)	987 (281,7)	1115 (383,7)	0,72

les moyennes de la même ligne portant des lettres distinctes sont significativement différentes (P< 0, 05) ; (): Ecart-type ;ESM : Erreur Standard de la Moyenne.

14

Les résultats obtenus (Tableau 3) ont montré que la production totale est plus élevée chez les brebis du lot F (75,21 l) comparativement au lot S (67,16 l) et C (64,10 l) bien que la différence ne soit pas significative (p > 0,05). Ces résultas sont divergeants avec ceux trouvés par Maâmouri et Rouissi (2008) qui ont comparé les performances laitières deux deux lots de brebis Sicilo-Sarde alimentées de Soja ou de Féverole.

La supériorité des performances de production laitière des brebis du lot F serait dû au fait que la graine de féverole renferme la méthionine et la lysine qui stimulent la sécrétion lactée (Baldwin et *al.*, 1993 ; Sevi et *al.*, 2002). D'après la figure 12, il apparait que le maximum de production est observé vers la neuvième semaine pour les brebis du lot (F), la dixième semaine pour les brebis du lot (S) et vers la septième semaine de lactation pour le lot (C). L'allure des courbes de lactation des trois lots est comparable (figure 3).

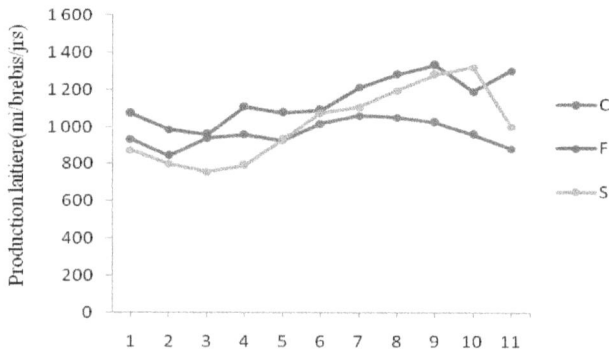

Figure 3 : Evolution hebdomadaire de la production laitière des 3 lots.

4. Qualité Pysico-Chimique du lait

Les données physico-chimiques du lait des 3 lots comparées au moyen de l'analyse de la variance à un seul facteur (effet régime) sont présentées dans le tableau 4.

Tableau 4: Critères physico-chimiques du lait

	Lot (C)	Lot (S)	Lot (F)	ESM
Matière grasse (%)	5,82 (0,77)	5,40 (1,04)	5,67 (0, 98)	0,187
Matière protéique (%)	5,64 (0, 20)	5,58 (0,21)	5, 59 (0,19)	0,025
Extrait sec dégraissé (%)	10,46 (0, 36)	10,39 (0,31)	10, 36 (0, 24)	0,045
Lactose (%)	3,82 (0,06)	3,86 (0,08)	3,80 (0,09)	0,025
Cendres (%)	0,95 (0,03)	0,94 (0,02)	0, 94 (0,02)	0,043
Densité	1034 (0,0007)	1034 (0,0008)	1033(0,0006)	0,0002
Point de congélation (°C)	-0,53 (0,02)	-0,53 (0,01)	-0, 52 (0,01)	0,003
pH	6,76 (0,13)	6,73 (0,06)	6,77 (0,07)	0,024

ESM : Erreur Standard de la Moyenne.

Les résultats obtenus (Tableau 4) ont montré que le pH, la densité et le point de congélation du lait des brebis des trois lots étaient comparables ($p > 0,05$). La nature du concentré distribué n'a pas d'effet sur les critères physiques du lait de la brebis Sicilo-Sarde. Cependant, ces résultats ne corroborent pas ceux rapportés par Selmi et *al.* (2010) qui ont trouvé des différences significatives entre les paramètres physiques mesurés. La composition du lait des brebis laitières dépend des facteurs génétiques, du stade de lactation, du système de traite et notamment de l'alimentation (Atti et Rouissi., 2003). Des rations adéquates permettent d'améliorer la production en quantité et en qualité au cours de la période de lactation (Bocquier et Caja 2001). Selon Rouissi et *al.* (2008a) la teneur moyenne du lait en matière grasse des ovins laitiers en Tunisie est de l'ordre de 7, 0 %. Cette teneur est variable avec les conditions zootechniques et surtout le régime alimentaire. Dans cet essai, les valeurs moyennes du taux butyreux et du taux protéique sont très proches pour F (5,67% MG ; 5,59% MP) et S (5,40% MG ; 5,58% MP) (Tableau15). Ces teneurs sont similaires à ceux avancées par Rouissi et *al.* (2008b).Toutefois, la teneur en MG du lot (C) est plus élevée (5,82%) comparativement aux deux autres lots. La même évolution a été observée pour le taux protéique. En effet, la teneur en protéine a été de 5, 64, 5, 58 et 5,59% respectivement pour le lot (C), (S) et (F).

La supériorité du taux butyreux et du taux protéique du lot C (Figures 4-5) peut être expliquée par le niveau de production qui est plus faible (Figure 12). Les valeurs obtenues corroborent les résultats de Rouissi et *al*. (2008b) et Maâmouri et *al*. (2008). De plus, le taux protéique du lait dépend principalement du bilan énergétique qui stimule la synthèse des protéines microbiennes dans le rumen (Bocquier et Caja 2001). Or, dans notre cas les trois régimes étaient isoénergétiques. Les teneurs moyennes du lait en lactose étaient de 3,82 (0,06), 3,86(0,08) et 3,80 (0,09) respectivement pour les lots (C), (S) et (F). Ces teneurs sont comparables (p> 0, 05).

Le remplacement partiel des matières premières importées notamment le tourteau soja par des ressources alimentaires locales telles que la féverole peut maintenir de bonnes performances de production laitière des brebis Sicilo-Sarde sans pour autant modifier la composition physico-chimique du lait.

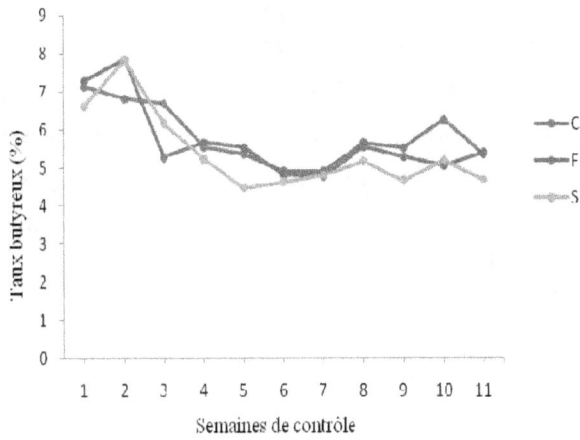

Figure 4 : Evolution du taux butyreux (TB) selon le régime alimentaire

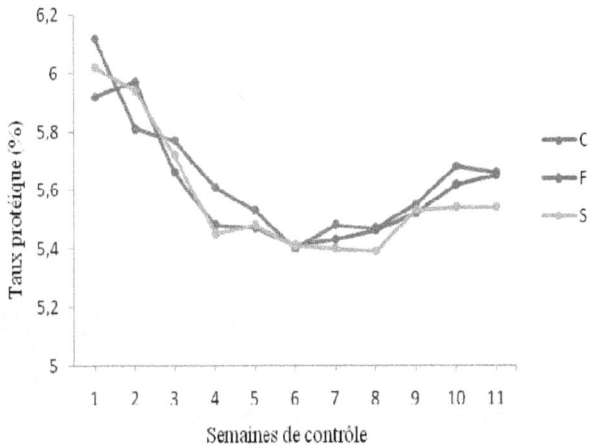

Figure 5 : Evolution du taux protéique (TP) selon le régime alimentaire

5. Perfrmances pondérales des agneaux

La croissance des agneaux et agnelles, de la naissance jusqu'à l'âge de 70 jours, est identique pour les animaux des 3 lots (Tableau 5). Aucune différence significative de poids entre les 3 lots n'est observée. Toutefois, nous constatons une supériorité du gain moyen quotidien 10 à 30 jours des animaux du lot F (181,17g/j) et ceux du lot S (176,56 g/j) comparativement au lot C (150 g/j). Les critères de croissance sont étroitement liés à la production laitière des brebis qui est elle-même la résultante des effets génétique et alimentaire.

Tableau 5 : Performances pondérales moyennes des agneaux et agnelles des 3 lots

Caractéristiques	Lot (C)	Lot (S)	Lot(F)	Effet Régime	ESM
Effectif (n)	18	16	17		
Poids vifs (Kg)					
A la naissance	3,2 (0,8) a	3,2 (0,8) a	3,4 (0,7) a	NS	0,14
A 10 jours	5,4 (1,03) a	5,4 (1,4) a	5,8 (1,3) a	NS	0,24
A 30 jours	8,4 (1,7) a	8,9 (1,9) a	9,4 (1,9) a	NS	0,36
A 50 jours	11 (2,3) b	12 (2,5) ab	12,7 (2,6) a	NS	0,50
A 70 jours	13,2 (2,9) a	14,4 (2,8) a	14,9 (2,9) a	NS	0,62
G.M.Q (g/j)					
10 à30 jours	150 (47,6) a	177 (37,2) a	181 (49,7) a	NS	10,5
30 à 50 jours	135 (32,9) a	154 (46,2) a	165 (48,8) a	NS	9,82
30 à 70 jours	121 (37,7) a	137 (29,4) a	138 (29,2) a	NS	7,95

G.M.Q (g/j) : Gain moyen quotidien (g/j) ; ( ) : Ecart type ; NS : les moyennes ne sont pas significativement différentes au seuil : p>0,05.

Cette tendance pourrait être attribuée au fait que la production laitière de leurs mères est à sa valeur maximale (pic de lactation). D'autre part, les GMQ_{30-50} et GMQ_{30-70} réalisés montrent que les agneaux recevant une complémentation avec du concentré (F) ont la même croissance que ceux qui ont été complémentés par un concentré qui renferme le tourteau de soja. Ceci pourrait être expliqué par le fait que le remplacement du tourteau de soja par la féverole, dans la formulation du concentré distribué, n'a pas limité la production laitière de la brebis Sicilo Sarde pendant la phase d'allaitement et par conséqent les performances pondérales réalisées sont importantes (par comparaison aux normes relatives à cette race).

V. Conclusions

Les résultats ont montré que l'ingestion volontaire moyenne de la matière sêche du foin varie de 1,56 kg MS/brebis /jour pour le lot (C) à 1,70 kg MS/brebis/jour pour le lot (S) avec une valeur intermédiaire de 1,66 kg MS/brebis/jour pour le lot (F).

Les poids des brebis des trois lots étaient comparables (p > 0,05). Les mêmes tendances de variation du poids vif ont été observées pour les brebis des trois lots.

Les performances laitières obtenues ont montré que sur le plan quantitatif, la production laitière totale des brebis du lot (C) était de 64, 1l / brebis alors que celles des brebis du lot (S) et du lot (F) étaient de 67, 2 l / brebis et 75, 2 l / brebis respectivement. Sur le plan qualitatif, la teneur en MG du lot (C) était plus élevé (6,14%) comparativement aux deux autres lots qui ont des taux comparables (p > 0,05) soient 5,34 et 5,83% pour le lot S et le lot F respectivement. La même évolution a été observée pour le taux protéique qui a été de 5,66, 5,58 et 5,59% respectivement pour le lot (C), (S) et (F). Il n'ya pas eu de différences significatives (p> 0,05) entre les 3 lots concernant la densité du lait, l'extrait sec dégraissé, les cendres et le lactose. A travers cette étude, on peut dégager que le remplacement partiel des matières premières importees, notamment le soja, par des ressources alimentaires locales telles que la féverole peut maintenir de bonnes performances de production laitière des brebis Sicilo-Sarde sans pour autant modifier la composition physico-chimique du lait. Les gains moyens quotidiens (GMQ) des agneaux ont été améliorés par l'incorporation de la feverole en remplacement du tourteau de soja dans la formulation des aliments concentrés sans que la différence soit significative (p>0,05).

Le lait, de par son hétérogénéité, est un système thermodynamiquement instable et constitue en outre un milieu fermentescible. Il s'agit d'un produit complexe qui contient de nombreuses molécules fluorescentes. Actuellement, les laboratoires de recherche disposent d'un large éventail de techniques qu'ils peuvent mettre en oeuvre pour caractériser le lait et les produits laitiérs. Parmi ces techniques, on peut énumérer des méthodes spectrométriques telles que, la spectroscopie de fluorescence frontale et la spectroscopie infrarouge. Les méthodes spectrales présentent l'avantage d'être rapides, peu couteuses, non-invasives et peuvent être appliquées hors ligne (recherche) et en ligne (usine). Elles sont considérées comme des empreintes digitales. En effet, ells permettent la detection de produits à l'état de trace, le dosage des vitamines et la mesure des caractéristiques fonctionnelles (texture, etc).

Des travaux récents menés sur les laits provenants d'origines géographiques différentes, ont montré que l'alimentation des animaux pouvait avoir un impact sur la qualité physico-chimique du lait et par conséquent des modifications significatives au niveau de l'allure des spectres de fluorescence du produit pourraient être observées. Nous allons, dans le chapitre suivant, étudier les potentialités des spectroscopies de fluorescence et infrarouge, couplés aux techniques chimiométriques, à déterminer l'effet de la nature de la source azotée sur la qualité du lait des brebis de race Sicilo-Sarde au cours de la période d'allaitement.

Chapitre 2 :

Etude de la Qualité du Lait par les Méthodes de Spectroscopie de Fluorescence Frontale et Moyen infrarouge.

I. Introduction

Parmi les produits alimentaires, le lait a la particularité d'être produit chaque jour et d'avoir une composition chimique, notamment en matière grasse, protéines et lactose, qui varie avec de nombreux facteurs zootechniques et d'élevage tels que l'espèce, la race, le stade de lactation et l'alimentation. Le lait est livré aux entreprises pour être transformé en une grande diversité de produits qui sont les laits de consommation, les produits frais fermentés, le beurre, les fromages, dont les rendements et la qualité sont en étroite relation avec la composition de la matière première. Quatre composants du lait et des produits laitiers sont prédominants dans la définition de la qualité des produits (la matière grasse, les protéines, l'eau ou l'extrait sec et, dans une moindre mesure, le lactose). En tant que matière première, le contrôle de la composition du lait est réalisé à différents niveaux de la filière laitière (animal, troupeau, usine) et la nature des critères utilisés peut varier en fonction des objectifs. Actuellement, le marché du contrôle de la qualité des produits alimentaires est essentiellement basé sur des méthodes dites « hors-ligne » de laboratoires privés et publics. Ces méthodes de mesure de la qualité reposent le plus souvent sur des tests empiriques, fastidieux, difficiles à mettre en œuvre et peu reproductibles. Mais surtout, ces méthodes ont des temps de réponses longs et utilisent des réactifs chimiques, souvent coûteux et polluants. Depuis les années 1960, pour répondre à la demande croissante d'analyses, en particulier au niveau du lait, et pour relever le défi de la qualité et la compétitivité, les méthodes d'analyses chimiques ont été remplacées par des méthodes physiques, plus rapides, moins onéreuses, susceptibles de mesurer directement la qualité des aliments et des ingrédients alimentaires. Plusieurs chercheurs dont ceux de l'Unité de Recherches « Typicité des Produits Alimentaire » de L'ENITA Clermont Ferrand travaillent depuis une quinzaine d'années sur le procédé de spectroscopie de Fluorescence couplé à des méthodes d'analyses statistiques multidimensionnelles pour la caractérisation de la texture et l'authentification des produits alimentaires. Les publications de leurs travaux ont démontré que cette technique permet sur des temps courts (1 à 3 minutes avec un spectrofluorimètre de recherche) de réaliser des analyses quantitatives non destructives et prédictives de la qualité des produits alimentaires comme le lait et les fromages. Ainsi, nous allons, dans ce qui suit, étudier les potentialités des spectroscopies de fluorescence et infrarouge a déterminer l'effet de la nature de la source azotée sur la qualité du lait de brebis de race Sicilo-Sarde au cours de la période d'allaitement.

II. Objectif

Le lait et les produits laitiers contiennent plusieurs fluorophores intrinsèques qui représentent le domaine d'application le plus important de la spectroscopie de fluorescence et moyen infrarouge. Ces dernières années plusieurs auteurs (Karoui *et al*,. 2003, 2005 ; Rouissi et *al* ., 2007 ;Boubellouta et Dufour., 2008) ont utilisé la spectroscopie de fluorescence et /ou le Mir comme outils pour discriminer les laits et les produits laitiers de différentes origines et /ou ayant subit différents traitements. L'objectif de cette étude est d'évaluer les potentialités des spectroscopies de fluorescence frontale et moyen infrarouge à contrôler les changements de la qualité du lait des brebis de race Sicilo-Sarde au cours de la période d'allaitement selon la nature de la source protéique utilisée en complémentation.

III. Matériel et méthodes

1. Animaux et Régimes alimentaires

Quarante cinq (45) brebis de race Sicilo- Sarde ont été réparties en trois lots homogènes selon le poids (moyenne = 52,8 kg ± 5,4 kg), le numéro de lactation (moyenne = 2,6 ± 0,9) et la taille de la portée (moyenne = 1,5 ± 0,5). Les brebis des 3 lots ont reçu 1, 5 kg MS de foin d'avoine et 500g de concentré. La composition du concentré des 3 lots est la suivante: concentré (C) : 30% maïs, 15% soja, 35% orge, 15% son de blé et 5% CMV, concentré Soja (S) : 82, 5% orge, 13,5% soja et 4%

24

CMV, concentré Féverole (F) : 71,5% orge, 17,5% féverole, 7% soja et 4% CMV. Les trois concentrés sont iso énergétiques et iso azotés (0, 95 UFL et 16% MAT). Les brebis sont logées dans trois compartiments de mêmes dimensions séparés par un grillage. Des contrôles laitiers individuels avec une traite manuelle ont eu lieu chaque semaine.

2. Echantillonnage et Conservation des échantillons du lait

Pour chaque contrôle laitier, les laits de chaque lot de brebis ont été collectés dans un seau puis mélangés, filtrés et un échantillon homogène d'environ 500 ml a été prélevé et immédiatement conservé à 4 °C jusqu' à la réception au laboratoire. 100 ml de lait par lot ont été conservés à -20 °C jusqu'aux analyses. Avant mesure spectroscopiques, (spectroscopies de fluorescence et infrarouge), les échantillons du lait ont été décongelés à + 4°C, et ce pendant 24 heures.

3. Mesures Spectroscopiques

3.1. Spectroscopie de Fluorescence Frontale (Spectrofluorimètre de Laboratoire)

Les spectres des laits ont été acquis grâce à un spectrofluorimètre, Fluoromax-2 (Spex-Jobin Yvon ; Longjumeau, France) équipé d'une cellule pour la fluorescence frontale. L'angle d'incidence de la lumière d'excitation est de 56°. Pour chaque échantillon, 3 ml de lait ont été prélevés et placés dans une cuve en quartz.

Les spectres d'émission des acides nucléiques et acides aminés aromatiques (AN+AAA) et des tryptophanes (Trp) des protéines ont été acquis entre 280 et 450 nm (pas de 1 nm) avec une longueur d'onde d'excitation de 250 nm et entre 305 et 400 nm (pas de 0,5 nm) après excitation à 290 nm, respectivement. Ceux de la riboflavine ont été enregistrés entre 400 et 640 nm (pas = 1 nm) avec une longueur d'onde d'excitation fixée à 380 nm. Une quatrième série correspondant aux spectres d'excitation de fluorescence de la vitamine A (émission à 411 nm) a été enregistrée entre 250 et 350 nm (pas = 1 nm). Pour chaque sonde fluorescente intrinsèque, les spectres de chaque échantillon du lait ont été enregistrés en triple. Au total, 99 spectres de chaque fluorophore ont été collectés.

3.2. Fluorescence par excitation synchrone

La technique de spectroscopie de fluorescence synchrone, la longueur d'onde d'émission et d'excitation varient simultanément, tout en conservant entre elles un décalage constant appelé ($\Delta\lambda$). Généralement, la longueur d'onde d'émission de départ est supérieure à la longueur d'onde d'excitation. La fluorescence synchrone permet ainsi de balayer toutes les longueurs d'ondes. Dans notre cas, les spectres de fluorescence synchrone ont été enregistrés entre 250 – 550 nm (pas de 1 nm) avec un décalage entre les monochromateurs d'excitation et d'émission de 80 nm.

3.3. Spectroscopie moyen infrarouge

L'acquisition des spectres infra rouge a été réalisée en utilisant un spectromètre moyen infrarouge VARIAN 3100 FT – IR (Varian Inc, France) muni d'une cellule à réflexion totale atténuée (SPECAC). Cette cellule, constituée d'un cristal de séléniure de zinc (ZnSe), permet six (6) réflexions internes et présente un angle d'incidence de 45°. Les mesures des spectres ont été faites en triple à température ambiante (20 °C) sur une plage allant de 3000 à 900 cm^{-1} avec une résolution de 4 cm^{-1} après avoir déposé environ 2 ml de lait sur le cristal. Trente-deux (32) interférogrammes ont été enregistrés, puis moyennés.

Avant chaque série de mesure un bruit de fond a été acquis en utilisant l'eau déminéralisée. Après chaque mesure la cellule est rincée à l'eau tiède, à l'eau savonneuse, puis à l'éthanol et enfin un rinçage avec l'eau distillée. La cellule est ensuite séchée pendant 15 mn pour éliminer toute trace d'eau.

4. Analyses multidimensionnelles

Les spectres de fluorescence des acides aminés aromatiques, tryptophanes, riboflavines et vitamine A ont été normalisés en réduisant l'aire sou tendue par le spectre à une valeur égale à 1(Bertrand et Scotter, 1992). Chacune des matrices de données a été évaluée séparément par ACP. Ensuite, afin de tester le pouvoir discriminant du régime alimentaire, une AFD a été réalisée à partir des 10 premières composantes principales de l'ACP. Enfin, les 10 premières composantes principales des ACP réalisées sur chacun des tableaux de données ont été collées les unes à la suite des autres dans une même matrice (concaténation) et le tableau ainsi obtenu est traité par AFD (40 variables).Toutes les analyses chemiometriques ont été traitées en utilisant le logiciel MATLAB (The Mathworks Inc., Version 7.5.0.342 Natic, MA, USA).

IV. Résultats et discussion

1. Evolution des spectres de fluorescence

Les spectres de fluorescence des AAA et AN, des tryptophanes des protéines, de la riboflavine et de la vitamine A sont présentés respectivement par les figures 6 à 9. Les spectres de fluorescence enregistrés ont fourni des informations quant aux molécules contenant des liaisons doubles conjuguées. Les AAA+NA, les tryptophanes des protéines, la vitamine A et la riboflavine, particulièrement sont les molécules fluorescentes les mieux connues dans le lait. Cependant, le lait contient aussi d'autres composés qui peuvent être fluorescents comme par exemple l'acide linoléique conjugué (CLA) et les composés phénoliques (Karoui et al., 2004).

Les spectres de fluorescence des AAA et AN (Figure 6) présentent des maxima situés à343 nm pour les échantillons de lait analysés au début de la période de lactation (première semaine) et 348 nm pour ceux acquis à la fin de la période d'allaitement (onzième semaine) et

des allures légèrement différentes en fonction du régime alimentaire. Une comparaison des spectres de fluorescence des différents laits au début de la lactation, fait apparaître un léger élargissement du spectre du lait provenant des bre   bis nourries à base de féverole. Comme cela a été montré par Dufour et Riaublanc (1997), Hebert (1999) et Hebert et al. (2000), le spectre de fluorescence peut être considéré comme une empreinte digitale qui devrait permettre d'identifier un lait. Cette différence peut provenir de la qualité des protéines de la graine de féverole.

Les tryptophanes sont des acides aminés fluorescents des protéines. Ils absorbent la lumière ultraviolette de longueur d'onde voisine de 280 nm. Les longueurs d'onde d'excitation sont comprises entre 280 et 290 nm, alors que le maximum de l'émission est observé entre 320 et 350 nm. Quant aux spectres d'émission des tryptophanes des protéines (Figure 7), l'intensité de fluorescence a été plus élevée pour des échantillons rassemblés à la fin de la période d'allaitement. En effet, les échantillons de lait une semaine post-partum ont exposé un maximum autour de 341 nm, tandis que ceux de 11 semaines ont présenté un maximum à 343 nm.

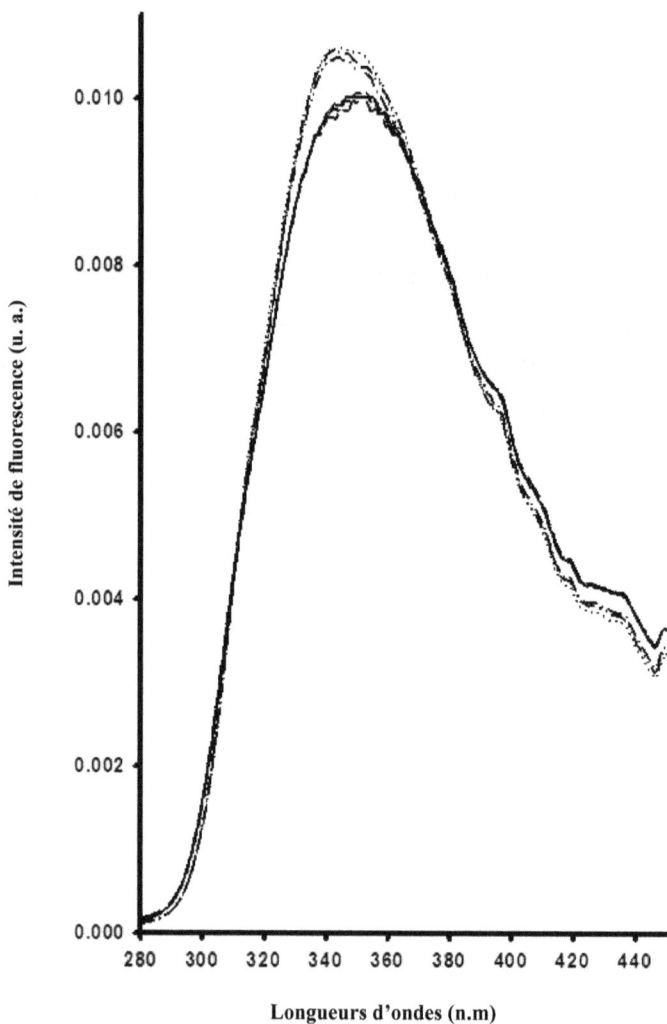

Figure 6 : Spectres normés d'émission de fluorescence des acides aminés aromatiques et acide nucléique enregistrés sur le lait des brebis Sicilo-Sarde complémentées par la féverole après 1 (——), 11 (…), le soja après 1 (– – –), 11 (—.—..) et le concentré commercial après 1 (——) ou 11 (—— ·····—) semaines de lactation, respectivement.

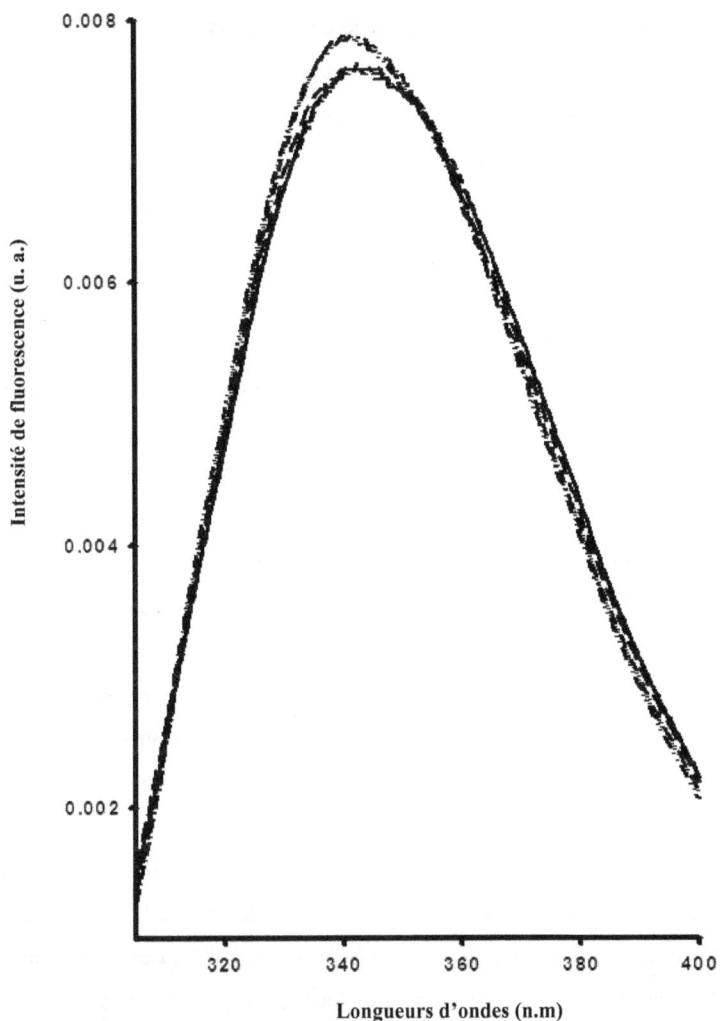

Figure 7 : Spectres normés d'émission de fluorescence des tryptophanes des protéines enregistrés sur le lait des brebis Sicilo-Sarde complémentées par la féverole après 1 (—), 11 (…), le soja après 1 (– – –), 11 (—.—..) et le concentré commercial après 1 (— —) ou 11 (— ·····—) semaines de lactation, respectivement.

La riboflavine a été utilisée comme sonde intrinsèque pour déterminer l'état d'oxydation des laits et des produits laitiers (Wold et *al.*, 2002 ; Miquel Becker et *al.*, 2003). La riboflavine joue un rôle important dans le domaine alimentaire en influençant des facteurs de qualité comme la couleur et la valeur nutritionnelle. Elle est indispensable à faible dose pour la croissance et l'équilibre de l'organisme: la dose recommandée est de 1-2 mg/jour pour l'enfant. Ce coenzyme est très sensible à la lumière et à l'oxygène. Il se dégrade en composés fluorescents tels la lumichrome qui présente un spectre de fluorescence différent de la riboflavine. Dans le lait et les produits laitiers (fromages, yaourt,…), l'oxydation de la riboflavine entraîne une décoloration, la formation de produits rances entraînant ainsi une diminution de la qualité nutritionnelle de ces produits (Miquel Becker et *al.*, 2003).

La Figure 8 a montré un large sommet à environ 520 nm dû à la riboflavine comme il a été suggéré par les découvertes précédentes de Miquel Becker et *al.* (2003). Une différence dans l'intensité de fluorescence à 520 nm a été observée entre le lot (C) et les deux lots expérimentaux (lait de brebis alimentées de féverole ou de soja). En effet, le lait des brebis du lot (C) semble être moins oxydé que ceux des deux autres lots. Cela pourrait être dû à la présence de grain de maïs dans le concentré commercial. De plus, le lait collecté des brebis alimentées de féverole semble être moins oxydé que celui des brebis alimentées de soja et ce pendant toute la période de lactation étudiée. Cela pourrait être en raison de la présence d'antioxydants (par exemple, les tanins) présents seulement dans le lait des brebis complémentées par la féverole. Ceci laisse entrevoir que lait de la féverole possède un pouvoir anti-oxydant et par conséquent il est d'une bonne qualité nutritionnelle. La région 400 - 480 nm montre typiquement la fluorescence des produits d'oxydation stables formés entre des aldéhydes et des acides aminés (Kikugawa et Beppu, 1987). Les modifications observées dans la région 415- 490 nm sont dûes à la photo dégradation de la riboflavine en composés très fluorescents (lumichrome) qui peuvent fluorescer dans cette zone spectrale (Miquel Becker et *al*, 2003). Le β- carotène pourrait aussi absorber la lumière dans la région 400-500 nm. De même, il peut subir une photo dégradation (Hansen et Skibsted, 2000) qui peut influencer les spectres de

31

fluorescence. La dernière région de 600 à 640 nm est caractéristique du porphyrine et des composée de chlorin comme il a été annoncé par Wold et *al.* (2005).

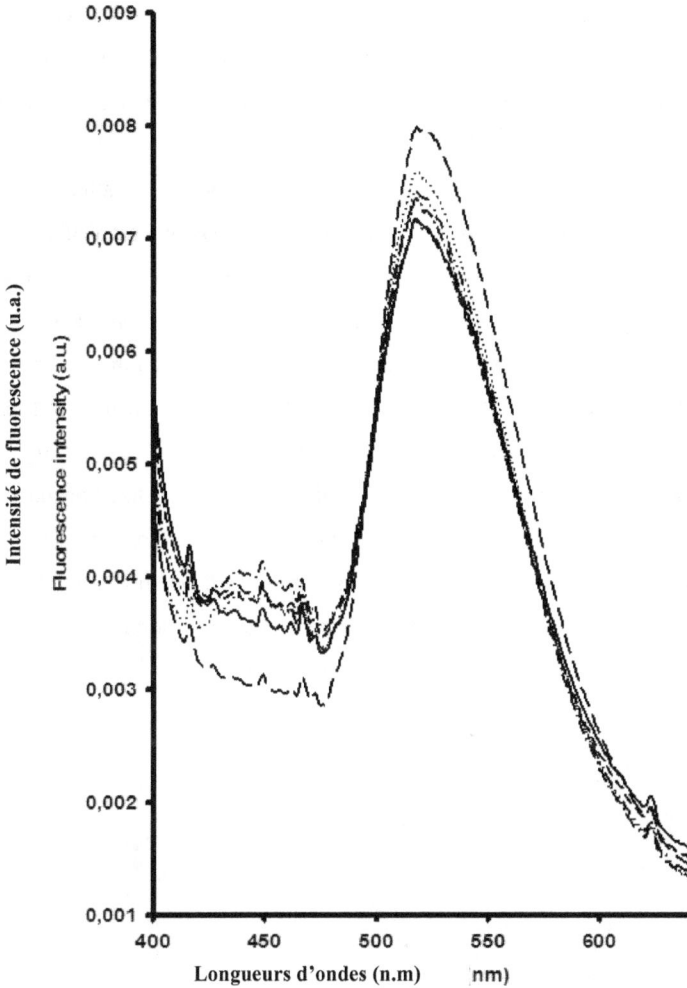

Figure 8 : Spectres normes a emission de fluorescence de la riboflavine enregistrés sur le lait des brebis Sicilo-Sarde complémentées par la féverole après 1 (——), 11 (…), le soja après 1 (– – –), 11 (——.——..) et le concentré commercial après 1 (——   ——) ou 11 (—— ·····——) semaines de lactation, respectivement.

Les spectres de fluorescence de la vitamine A (Figure 9) des échantillons des laits montrent un maximum d'excitation situé au voisinage de 320 nm et un autre pic au voisinage de 290 nm, ceci concorde avec les travaux de Rouissi et *al.* (2007). L'intensité de fluorescence a été supérieure avec les laits collectés au cours de la première semaine de lactation, ceci n'a pas été signalé par l'étude mentionnée. Ceci pourrait être du à la richesse du lait de la première semaine de lactation en matière grasse , donc en vitamine A qui peut avoir des conséquences sur l'allure des spectres de fluorescence de la vitamine A. Une autre explication possible est à envisager et qui concerne la richesse des laits collectés au cours de cette période en acide linoléique conjugué et d'autres acides gras présentant des doubles liaisons conjuguées qui peuvent émettre des photons dans la zone spectrale de la vitamine A. En effet, les travaux de Collomb et *al.* (2002) ont mis en évidence que la teneur du lait en acide linoléique conjugué varie en fonction de la provenance des laits. La figure 23 a montré une bonne discrimination entre les différents laits en fonction du stade de lactation et du régime alimentaire. Les résultats obtenus n'ont pas été observés avec les autres sondes intrinsèques. Ainsi, les spectres de la vitamine A peuvent être considérées comme des empreintes digitales permettant une bonne identification des laits selon le stade de lactation et le régime alimentaire.

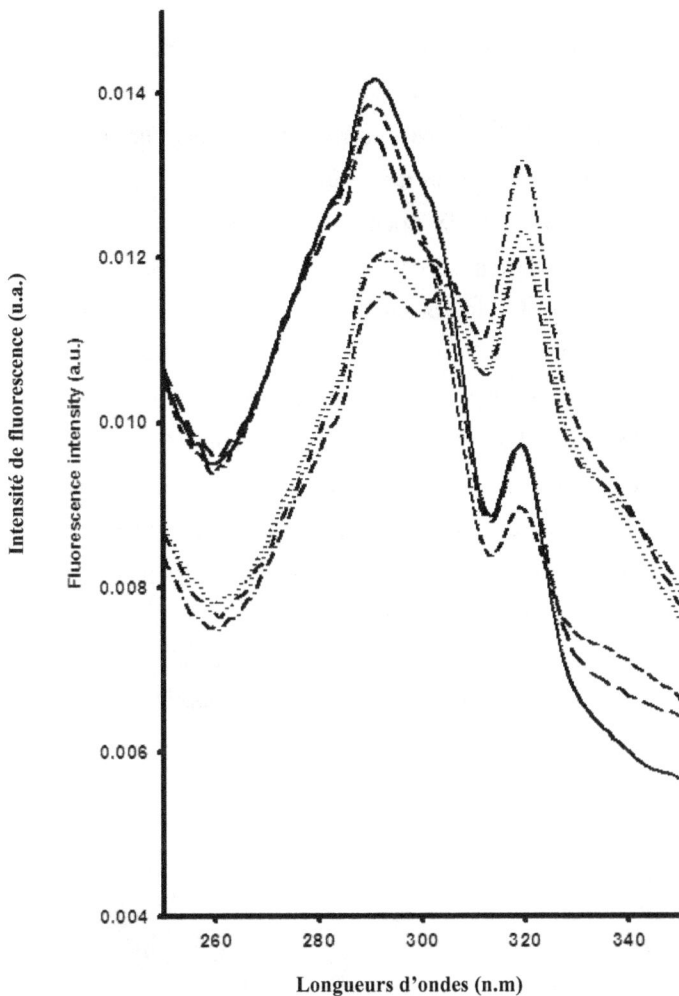

Figure 9: Spectres normés d'émission de fluorescence de la vitamine A enregistrés sur le lait des brebis Sicilo-Sarde complémentées par la féverole après 1 (——), 11 (…), le soja après 1 (– – –), 11 (—..—..) et le concentré commercial après 1 (———) ou 11 (— ···—) semaines de lactation, respectivement.

2. Spectres de fluorescence synchrone

La spectroscopie de fluorescence donne des informations sur la présence de fluorophores et sur leur environnement dans les échantillons (Marangoni, 1992). Ainsi, la spectroscopie de fluorescence synchrone présente un grand intérêt lorsqu'elle permet de balayer toutes les longueurs d'ondes. En effet, le lait étant un produit complexe qui contient de nombreuses molécules fluorescentes. Par consequent, une meilleure discrimination des laits pourrait être obtenue en étudiant conjointement les différentes régions spectrales. Les spectres de fluorescence synchrone ont montré des modèles complexes (Figure 10). Le spectre de lait synchrone a exposé une bande aiguisée et intense à 290 nm (l'émission à 370 nm) avec d'autres bandes situées à 321 nm (l'émission à 401 nm), 450 nm (l'émission à 530 nm) et 467 nm (l'émission à 547 nm). Une épaule à 360 nm (l'émission à 440 nm) a été aussi observée. La bande aiguisée et intense observée à 290 nm (l'émission à 370 nm) pourrait être attribuée aux résidus des tryptophanes des protéines (Karoui, 2004; Karoui et al., 2004) tandis que les bandes apparues à 321 nm (l'émission 401 nm) ont été probablement rapprochées de la vitamine A (Karoui, 2004; Zaïdi et al., 2008). Finalement, l'épaule apparue à 360 nm (l'émission à 440 nm) a été probablement rapprochée de la riboflavine comme il a été mentionné dans des études précédentes (Karoui, 2004; Karoui et al., 2007).

35

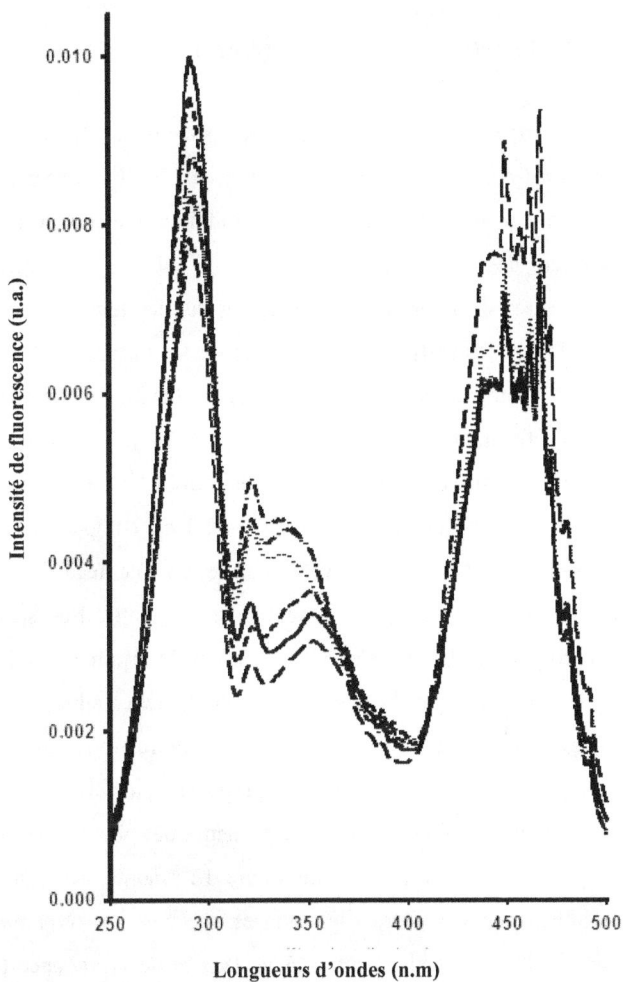

Figure 10 : spectres normalisés d'excitation de fluorescence synchrone enregistrés sur le lait des brebis Sicilo-Sarde complémentées par la féverole après 1 (—), 11 (…), le soja après 1 (– –), 11 (—.—..) et le concentré commercial après 1 (———) ou 11 (— ·····—) semaines de lactation, respectivement.

36

3. Analyses statistiques multidimensionnelles

3.1 Analyse factorielle discriminante (AFD)

Même si des différences apparaissent entre les spectres de fluorescence des différents fluorophores étudiés, l'évaluation de l'ensemble de données ne peut se faire qu'au moyen des méthodes statistiques multidimensionnelles. Ces dernières permettentd'exploiter des données qui pourraient extraire des informations pertinentes. Les spectres de fluorescence enregistrés sur les laits ont été analysés séparément par AFD. Les résultats des AFD réalisés sur les spectres de fluorescence, des AAA et AN, des tryptophanes des protéines de la riboflavine et de la vitamine A sont présentés respectivement dans les figures 11 à 14. L'Analyse Factorièlle Discriminante appliquée sur les données spectrales des AAA et AN (Figure 11) montre que le premier facteur discriminant qui prend en compte 82,2 % de la variance totale sépare les laits du lot (S) qui sont situés du côté négatif de l'axe, de ceux des lots (C) et (F) qui sont localisés du côté positif. Les spectres des tryptophanes des protéines et des AAA et AN ont permis de discriminer relativement les laits des brebis alimentées par du tourteau de soja de celles alimentées avec du concentré commercial ou à base de fèverole. Ceci pourrait être attribué à une différence des composés fluorescents qui sont en proportion plus élevés dans les laits des brebis alimentées avec du soja et qui peuvent émettre des photons dans la région spectrale des tryptophanes des protéines. La figure 12 montre les deux facteurs discriminants résultants de l'AFD réalisée sur les spectres des tryptophanes des protéines qui représentent respectivement 71,5 et 28,5 % de la variance totale. Le premier facteur discriminant sépare relativement bien le lait du régime soja des 2 autres régimes (C et F). En effet, le lait des brebis alimentées avec du soja est situé du côté positif de l'axe, alors que les laits de celles complémentées à base de fèverole (F) ou de concentré (C) sont localisés du côté positif. La classification des spectres correspondants aux échantillons de validation est présentée dans le tableau 6. Il apparait que les laits de S et F sont bien discriminés, alors que le lait de C l'est un peu moins. En effet, considérant les spectres de fluorescence des tryptophanes des protéines, 81,82 et 72,73 % des échantillons ont été bien classés respectivement pour S et F (Tableau 6).

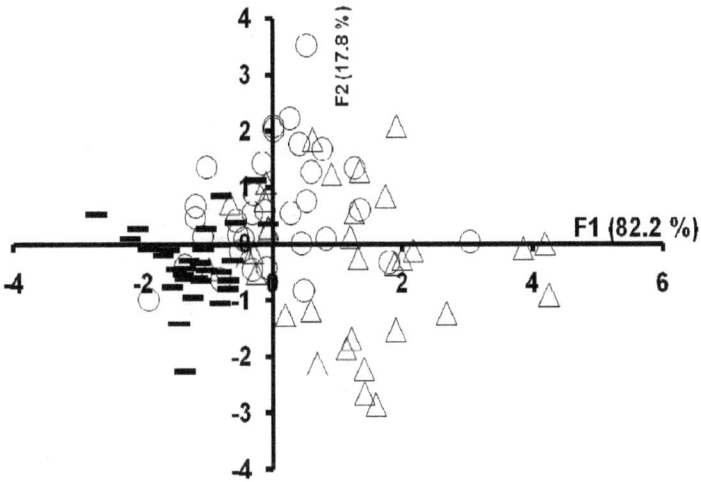

Figure 11 : Analyse factorielle discriminante réalisée sur les 20 premières composantes principales calculées à partir des spectres normalisés d'émission de fluorescence des acides aminés aromatiques et acides nucléiques obtenus pour le lait des différents régimes : carte factorielle 1-2. Lait du fèverole (O), soja (−) et concentré commercial (Δ).

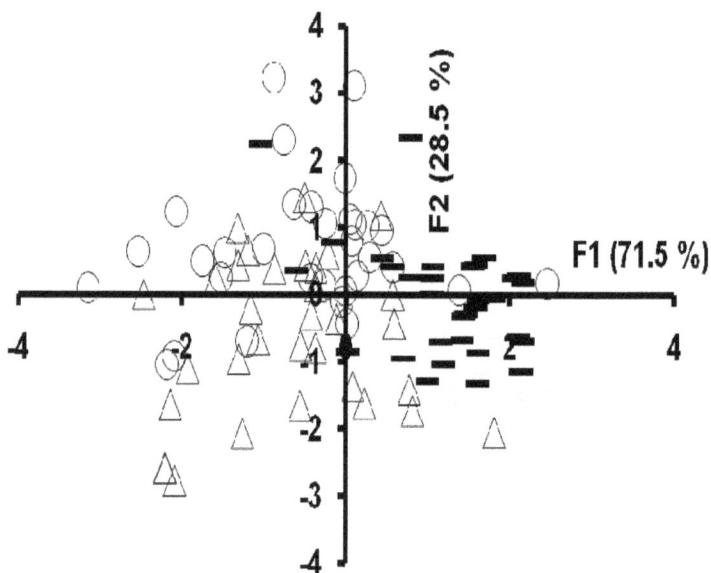

Figure 12 : Analyse factorielle discriminante réalisée sur les 20 premières composantes principales calculées à partir des spectres normalisés d'émission de fluorescence des tryptophanes obtenus pour le lait des différents régimes : carte factorielle 1-2. Lait du lot fèverole (O), soja (−) et concentré commercial (Δ).

Des résultats similaires ont été obtenus avec les spectres de fluorescence de la riboflavine avec un facteur discriminant principal de 58 %. La carte factorièlle 1-2 (Figure 13)   montre que les laits des brebis du lot   et du lot fèverole sont majoritairement situés du côté positif du facteur discriminant 1, alors que les laits des brebis nourries de soja sont totalement localisés du côté négatif. Seulement 74,75% des échantillons principaux ont été bien classés (Tableau 20).

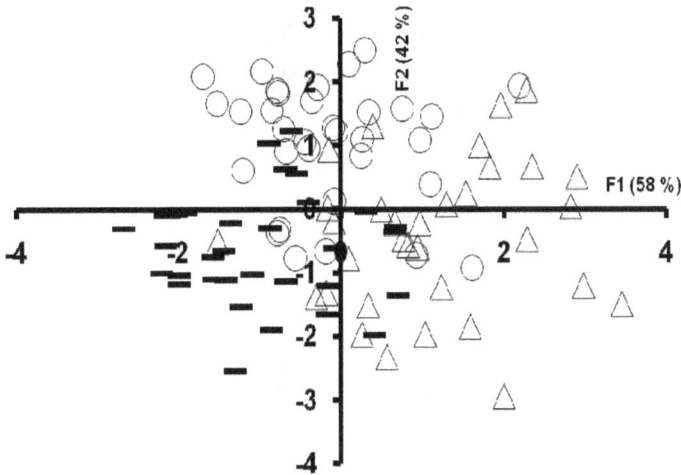

Figure 13 : Analyse factorielle discriminante réalisée sur les 20 premières composantes principales calculées à partir des spectres normalisés d'émission de fluorescence de la riboflavine obtenus pour le lait des différents régimes : carte factorielle 1-2. Lait du fèverole (O), soja (−) et concentré commercial (Δ).

La figure 14 montre les deux facteurs discriminants résultants de l'AFD réalisée sur les spectres de la vitamine A qui représentent respectivement 73,2 et 26,8 % de la variance totale.Le premier facteur discriminant sépare relativement bien les laits des brebis des lots fèverole et des laitsdes brebis du lot soja. En effet, ces derniers sont situés du côté négatif de l'axe, alors que les laits des lots fèverole et sont majoritairement localisés du côté positif. Les meilleurs résultats ont été obtenus avec les données normées de la riboflavine. Les meilleurs résultats ont été obtenus avec les données normées de lavitamine A. Au total, 78,79% de bonnes classifications ont été obtenues (Tableau 6).

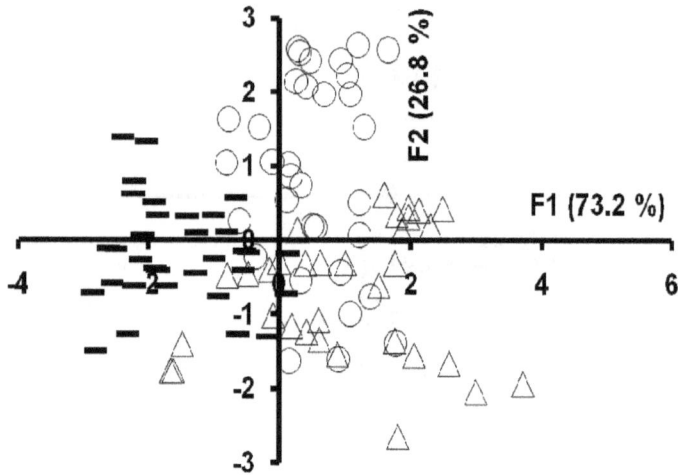

Figure 14 : Analyse factorielle discriminante réalisée sur les 20 premières composantes principales calculées à partir des spectres normalisés d'excitation de fluorescence de la vitamine A obtenus pour le lait des différents régimes : carte factorielle 1-2. Lait de fèverole (O), soja (−) et concentré commercial (Δ).

L'analyse factorielle discriminante réalisée sur les 20 premières composantes principales calculées à partir des spectres d'émission de fluorescence synchrone (Figure 15), montre une bonne discrimination des laits des 3 régimes alimentaires. En effet, le facteur discriminant 1 expliquant 89,55 % de la variance totale sépare les laits du lot (C) et (F) des laits du lot (S). Les laits du lot (C) sont localisées du coté positif du facteur discriminant 1, alors que le lait des lots (S) et (F) sont situés du côté négatif.

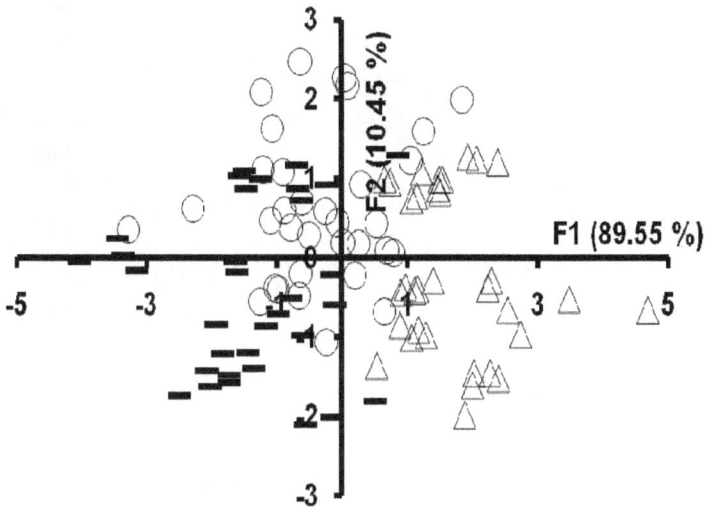

Figure 15 : Analyse factorielle discriminante réalisée sur les 20 premières composantes principales calculées à partir des spectres normalisés d'excitation de fluorescence synchrone obtenus pour le lait des différents régimes : carte factorielle 1-2. Lait de fèverole (o), soja (−) et concentré (Δ).

Tableau 6 : Classifications des spectres de fluorescence des échantillons de validation par analyse factorielle discriminante.

Prédits Observés	Fèverole	Soja	Conc. Commercial	% de bonne classification
Tryptophanes des protéines				
Fèverole	24	3	6	72,73
Soja	5	27	1	81,82
C.Commercial	11	5	17	51,52
Total				**68,69**
Acides aminés aromatiques et acide nucléiques				
Fèverole	20	8	5	60,61
Soja	5	28	0	84,85
C.Commercial	10	3	20	60,61
Total				**68,69**
Vitamine A				
Fèverole	23	2	8	69,70
Soja	0	30	3	90,91
C.Commercial	3	5	25	75,76
Total				**78,79**
Riboflavine				
Fèverole	26	4	3	78,79
Soja	4	24	5	72,73
C.Commercial	5	4	24	72,73
Total				**74,75**
Concaténation : AA+AN+Trp+Rib+VitA				
Fèverole	30	1	2	90,91
Soja	1	31	1	93,94
C.Commercial	1	1	31	93,94
Total				**92,93**

3.2. Traitement simultané des matrices de données

L'un des intérêts de la spectroscopie de fluorescence est qu'il est possible d'enregistrer sur le même échantillon des spectres d'excitation et/ou d'émission de fluorescence correspondant aux différents fluorophores présents dans l'échantillon étudié.

Etant donné que le lait est un produit complexe qui contient de nombreuses molécules fluorescentes, les jeux de spectres obtenus pour les sondes considérées au cours de cette étude contiennent des informations sur les échantillons qui peuvent être complémentaires. En effet, l'information contenue dans les spectres enregistrés à une longueur d'onde d'excitation ou d'émission donnée est différente de celle contenue dans un autre jeu de données obtenu pour une autre longueur d'onde. Par conséquent une meilleure discrimination des laits pourrait être obtenue en étudiant conjointement les différentes régions spectrales. Cette analyse combinée peut être réalisée en utilisant la technique de concaténation. Ainsi, les 10 premières composantes principales des ACP réalisées sur chaque jeu de données ont été collées les unes à la suite des autres et la matrice ainsi formée (40 variables) est traitée par AFD.

La carte factorielle 1-2 résultant de l'AFD réalisée sur les 40 variables montre une très bonne discrimination des laits selon le régime alimentaire (figure 16). En effet, les 3 lots ont été bien distingués. Les laits du lot (C) avaient des valeurs négatives selon le facteur discriminant 1(68, 22 % de la variance totale) et des valeurs positives selon le facteur discriminant 2 (21, 78%). Les laits des brebis alimentées de féverole avaient des valeurs négatives tant selon le facteur discriminant 1 que selon le facteur discriminant 2. Finalement, les laits des brebis du lot soja ont exposé des valeurs positives selon le facteur discriminant 1 et des valeurs proches de zéro selon le facteur discriminant 2. Le facteur discriminant 1 expliquant 68,22 % de la variance totale sépare les laits du lot soja de ceux des lots fèverole (F) et commercial (C) . Les laits du lot soja sont localisés du côté positif du facteur discriminant 1, alors que les laits du lot féverole et du lot (C) sont situés du côté négatif. Le facteur discriminant 2 (17, 6 % de la variance totale) sépare relativement bien les laits du lot (C) des laits du lot féverole (F).Les résultats obtenus indiquent que la technique utilisée peut discriminer les laits selon le régime alimentaire adopté. La similitude observée entre les laits du lot commercial (C) et féverole (F) selon le facteur discriminant 1 pourrait être attribuée à la richesse en amidon des graines de maïs et de féverole incorporées dans les concentrés distribués respectivement aux lots (C) et féverole. Au total 92,93% de bonnes classifications ont été obtenues sur les échantillons de vérification (Tableau 6).

Les résultats obtenus indiquent qu'un spectre de fluorescence enregistré sur un lait estune empreinte digitale du produit qui permet de l'identifier : il est possible de discriminer les laits des brebis alimentées de féverole de ceux des brebis complémentées de soja. La nature et le type des composés fluorescents dans les laits issus des 3 lots entraînent des changements dans l'allure des spectres.

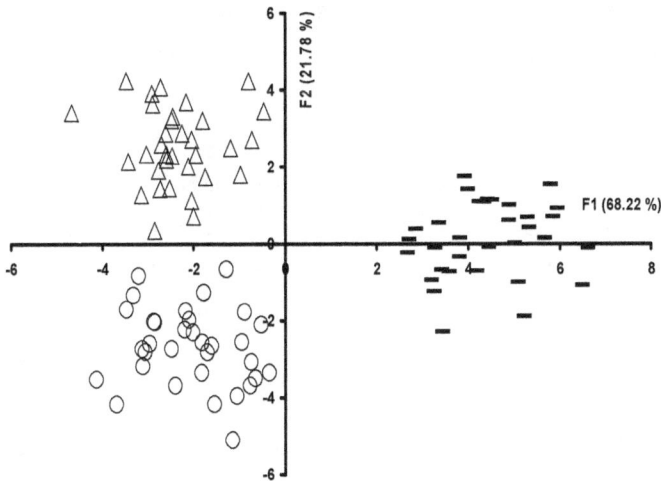

Figure 16 : Analyse factorielle discriminante réalisée sur la matrice de concaténation correspondant aux 10 premières composantes principales des ACP réalisées sur les données spectrales des AAA+AN, tryptophanes des protéines, riboflavine et vitamine A : cartefactorielle1-2. Lait de fèverole (O), soja (−) et concentré commercial (Δ).

4. Mesures spectrales moyen infrarouge

4.1 Analyse des spectres infrarouge du lait

Les spectres ont été acquis avec une résolution de 4 cm^{-1} sur la gamme de 3000 à 900 cm^{-1}. La région spectrale 3000-2800 cm^{-1} est dominée par les bandes liées aux vibrations de valence n(C-H) des groupements CH$_3$, CH$_2$ et CH des chaînes d'acides gras des lipides en particulier : cette zone est très intéressante pour l'identification et le dosage des acides gras. Dans la région 3 000-2 800 cm^{-1} (Figure 17), on peut observer deux bandes majeures situées à 2924 et 2854 cm^{-1}. La première résulte de l'élongation asymétrique des deux liaisons C-H du groupe méthylène. La seconde a comme origine l'élongation symétrique du même groupement, dans laquelle les deux liaisons C-H s'étirent et se contractent en phase. Quelque soit la période de lactation, les laits de brebis alimentées de féverole présentent une intensité plus élevée à 2924 et 2854cm^{-1} que ceux des brebis complémentées avec du concentré commercial ou à base de tourteau de soja .

Ce résultat ne correspond pas à celui mentionné par Maâmouri et *al.* (2008) qui ont montré que l'intensité de fluorescence a été supérieure pour les laits des brebis nourries de tourteau de soja. A ce propos, nous signalons que ces auteurs ont travaillé sur un nombre réduit de brebis (n=6) et en substituant 20% de tourteau de soja par le même pourcentage de féverole dans la formulation du concentré distribué. De même, les spectres ont montré des allures différentes en fonction du stade de lactation. En effet les laits collectés durant la première semaine de lactation ont présenté l'intensité la plus élevée.

Deux autres bandes secondaires ont été observées dans la région 3000-2800 cm^{-1} et correspondent toujours au mode de vibration des groupements $-CH_2$ et $-CH_3$.Ces bandes sont situées à 2956 et 2872 cm^{-1}. En tenant compte du régime alimentaire, les laits de la première semaine de lactation ont présenté l'intensité la plus élevée.

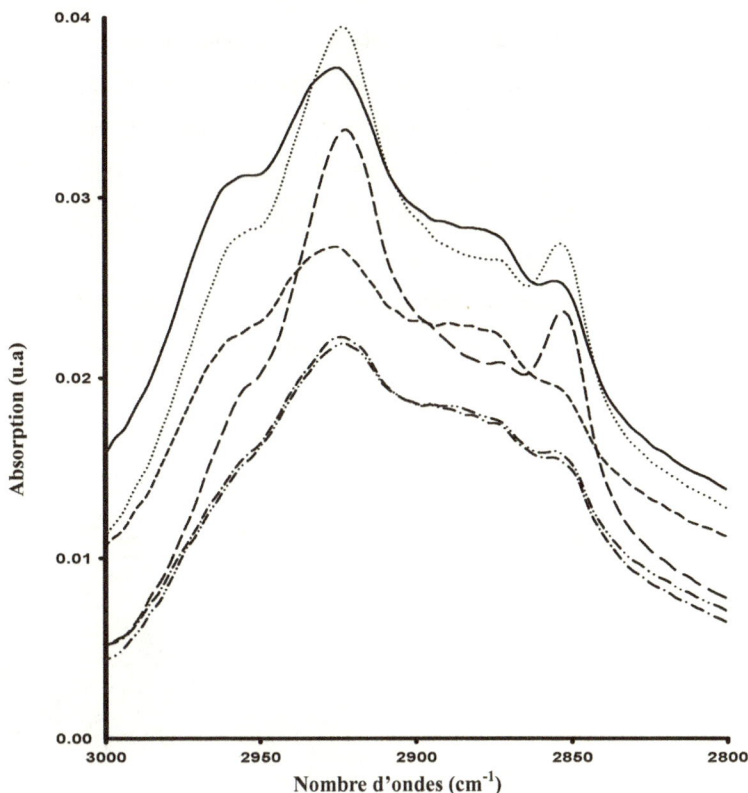

Figure 17: Spectres moyen infrarouge dans la région spectrale 3000-2800 cm^{-1} enregistrés sur les échantillons du lait de brebis : lot (C) (—), nourries avec la féverole (…) et le soja (– – –) après une semaine ; lot (C) (—..—..), nourries avec la féverole (—   —) et le soja(–.–.–). après 11 semaines de lactation

La région 1700 – 1500 cm^{-1} est caractéristique des protéines. Elle est dominée par les bandes dites amide II vers 1550cm^{-1} et amide I vers 1650 cm^{-1}, liées aux liaisons peptidiques des protéines. Ces bandes correspondent aux groupements C – H et N – H, au groupement carbonyle C=O des liaisons ester. La région 1700 – 1500 cm^{-1} (Figure 18) a été caractérisée par la présence de plusieurs pics à 1631, 1635, 1645,

48

1652 et 1683 cm^{-1} qui correspondent à la fonction amide I (v C=O, v C-N) et ceux observés à 1541, 1548, 1558 cm^{-1} correspondent à la fonction amide II (v N-H, v C-N). Ainsi, ces bandes contiennent quelques informations sur la protéine et sur l'interaction de cette dernière avec d'autres composants comme les minéraux, l'eau et d'autres protéines (Grappin *et al.*, 2000; Martín-del-Campo *et al.*, 2007 et 2009). Les signaux d'Amide I et Amide II étaient plus élevés pour les échantillons de lait de la première semaine que ceux de la onzième semaine de lactation. Au cours de la première semaine de lactation, les laits de brebis du lot féverole ont l'intensité la plus élevée, tandis que ceux des brebis nourries de tourteau de soja ont présenté l'intensité la plus faible.

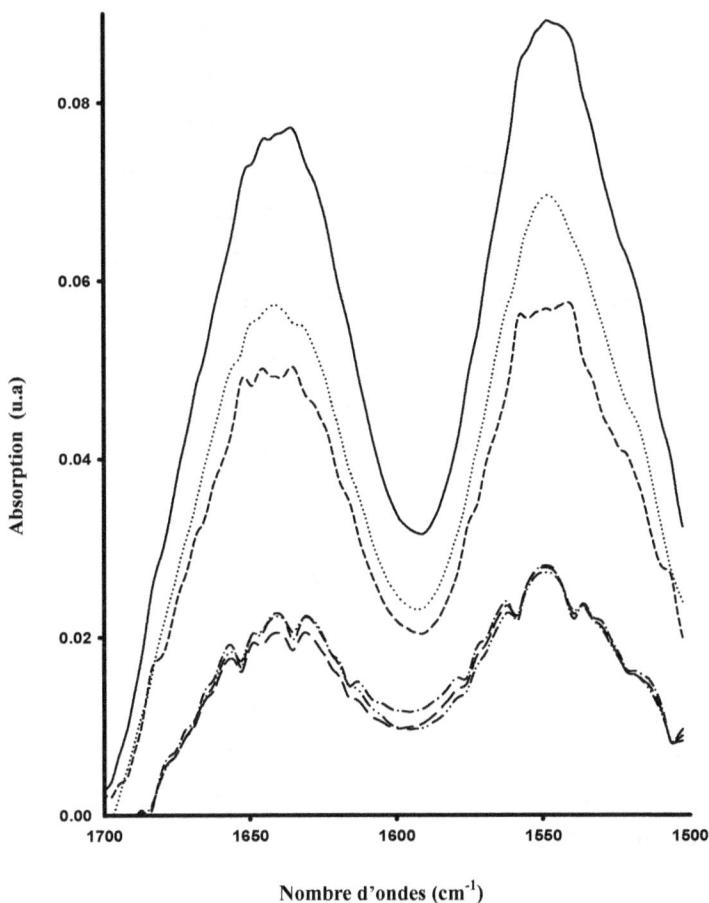

Figure18: Spectres moyen infrarouge dans la région spectrale 1700-1500 cm^{-1} enregistrés sur les échantillons du lait de brebis : lot (C) (—), nourries avec la féverole (…) et le soja (– – –) après une semaine ; lot (C) (—.—..), nourries avec la féverole (— —) et le soja(-.-.-.). après 11 semaines de lactation.

La région spectrale 1500-900 cm^{-1} comprend des bandes très caractéristiques, c'est pourquoi elle est plus connue sous le nom d'empreinte digitale. Cette région nous renseigne sur les vibrations des liaisons C-O et C-C (1153 - 900 cm^{-1}). La région spectrale 956-943 cm^{-1} est corrélée avec la mesure de la concentration du phosphore organique, tandis que la bande autour de 980 cm-1 est corrélée avec la teneur en calcium (Upreti et Metzger, 2006). Tous les laits ont présenté des bandes à 943 et 947 cm^{-1} (Figure 19). Les bandes localisées à 1045 (alcool primaire (v C-O) et1075 cm^{-1} (δ O-H) ont été associées au lactose (Grappin et *al.*, 2000). Les laits des brebis des trois lots avaient des intensités élevées à 1041 et 1072 cm^{-1} et par conséquent leurs teneurs en lactose sont comparables. Ce résultat confirme ceux obtenus aves les analyses physico-chimiques présentés dans le chapitre 1 (Tableau 4).

Les bandes localisées à 1118 cm^{-1} ont été attribuées au lactate et monosaccharides (v C-OH) comme a été le cas des travaux de Paradkar et *al*, (2003) et Sivakesava et Irudayaraj (2001). La figure 33 fait apparaitre que la différence entre les laits étudiés n'était pas significative dans la région spectrale 1200-900 cm^{-1}, cependant la région 1500-1200 cm^{-1} a montré une certaine différence entre les laits selon le régime alimentaire et le stade de lactation. La bande observée autour de 1155 cm-1 peut être associée au lactose (v C-OH) et monosaccharides (v C-O) et d'autres autour de 1244 et 1317 cm^{-1} aux liaisons C-O des matières grasses (Pedersen et al, 2003). La bande autour de 1402 cm^{-1} a été attribuée, par Coates (2000), aux ions carboxyles (-COOH). Ceci a été confirmé récemment par Martin-Del-Campo et al. (2007). Finalement, la bande localisée à 1454 cm^{-1} a été attribuée au groupement CH$_2$ des lipides et protéines (Grappin et *al.*, 2000).

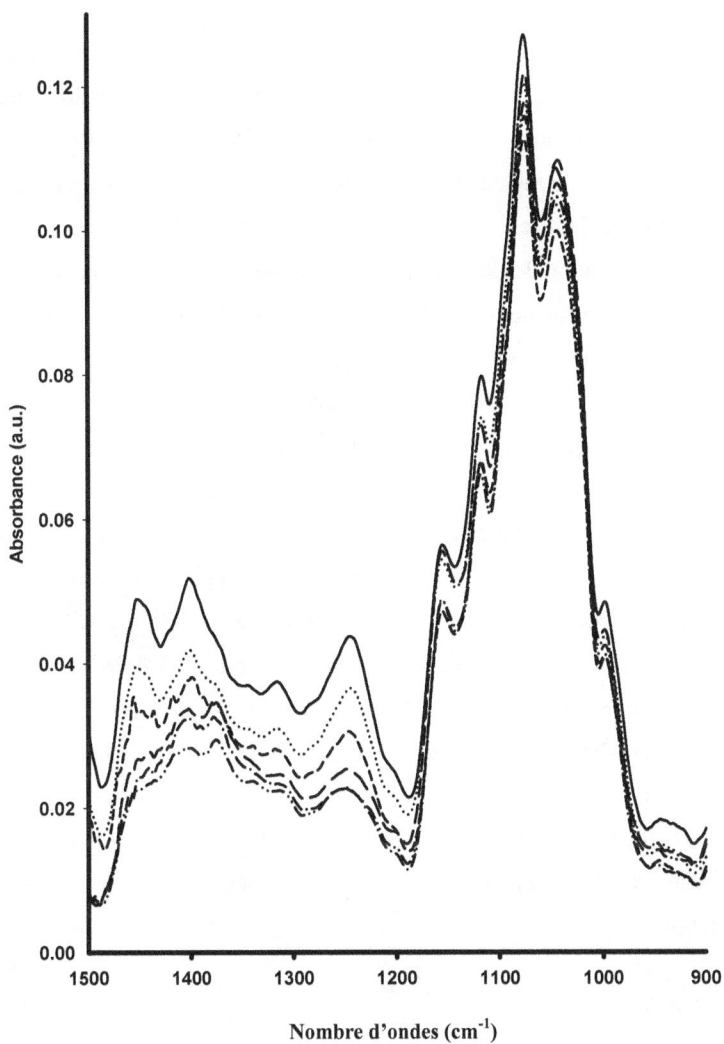

Figure19: Spectres moyen infrarouge dans la région spectrale 1500- 900 cm^{-1} enregistrés sur les échantillons du lait de brebis : lot (C) (—), nourries avec la féverole (…) et le soja (– – –) après une semaine ; lot (C) (—.—..), nourries avec la féverole (—   —) et le soja(–.–.–). après 11 semaines de lactation.

4.2. Analyses statistiques multidimensionnelles

Les spectres infrarouges sont riches en informations qui nécessitent le plus souvent, pour être exploitées de manière pertinente, le recours à des méthodes de traitements mathématiques et statistiques des données. Les résultats obtenus ont montré que l'utilisation d'une seule région spectrale n'est pas suffisante pour obtenir une bonne discrimination des laits en fonction du régime alimentaire. Par conséquent une meilleure discrimination des laits pourrait être obtenue en étudiant conjointement les différentes régions spectrales. La technique de concaténation a été ainsi appliquée. La carte factorielle 1-2 résultant de l'AFD réalisée les principales composantes de l'ACP (Figure 20) montre que le facteur discriminant 1 expliquant 75,9 % de la variance totale sépare les laits des lots fèverole et soja, qui sont situés du côté positif de l'axe, des laits du lot (C) qui sont localisés du côté negatif. Le facteur discriminant 2 sépare surtout les laits du lot fèverole et ceux du lot soja. Cependant, un peu de chevauchement a été observé à l'origine, particulièrement pour les échantillons de lait du lot fèverole et ceux du lot soja. La bonne classification s'élève à 71,7% (Tableau 7) en considérant simutanément les trois régions spéctrales (3000-2800 + 1700-1500 + 1500-900). Les échantillons de lait du lot (C) étaient les mieux classés. En effet, 30 échantillons sur 33 ont été correctement classés. Quant aux échantillons de lait des deux autres lots (F et S), Presque la même bonne classification a été observée. C'est à dire, 60, 6 et 63, 6 % respectivement pour les lots de brebis alimentées de fèverole et soja. Aucun des trois groupes n'était correctement classé (100% de bonne classification).

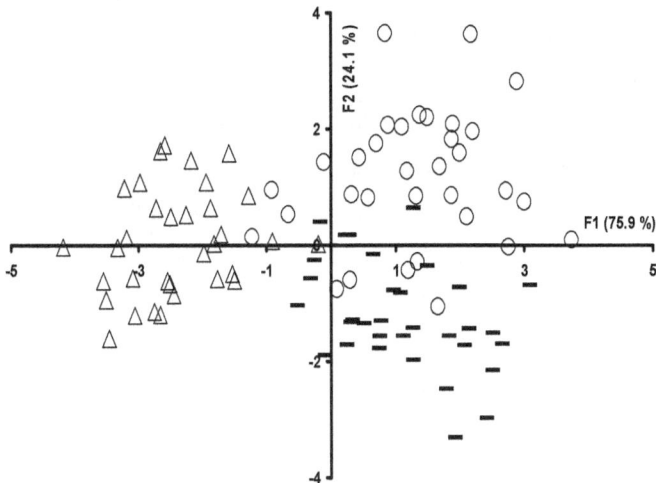

Figure 20: Analyse factorielle discriminante réalisée sur les premières composantes principales des ACP réalisées sur les données spectrales MIR (3000-2800, 1700-1500 et 1500-900 cm^{-1}) enregistrés sur les laits de brebis nourries de fèverole (O), soja (−) et concentré (Δ).

Une meilleure discrimination des laits pourrait être obtenue en étudiant conjointement les différentes informations fournies par ces techniques spectroscopiques (SSF et MIR): il s'agit de la concaténation (Dufour et Riaublanc, 1997; Estephan et *al.*, 2003). Ainsi les 20 premières composantes principales des ACP réalisées sur chaque jeu de données: MIR avec les trois régions spectrales et la Spectroscopie de Fluorescence aves les quatre sondes intrinsèques ont été collées les unes à la suite des aurtres et la matrice ainsi formée est traitée par AFD. La carte factorielle 1-2 résultant de l'AFD réalisée sur les données concaténées montre une bonne discrimination des laits en fonction de la nature de la source protéique utilisée en complémentation des brebis (Figure 21). Le facteur discriminant 1 qui explique 75, 9% de la variance totale sépare bien les laits du lot (C) de ceux du lot soja. Les laits du lot (C) sont localisés du côté positif du facteur discriminant 1, alors que les laits du lot soja sont situés du côté négatif. Le facteur discriminant 2 (24, 1 % de la

54

variance totale) sépare relativement bien les laits de brebis nourries avec la fèverole des autres laits. Une bonne classification de 98% a été observée (Tableau 7). Les trois groupes ont été correctement classés (100% de bonne classification), sauf pour les laits du lot fèverole où un échantillon a été classé comme appartenant aux échantillons de lait du lot (S) et un autre avec les laits du lot (C). Les résultats trouvés ont montré que les relations entre tous les jeux de données (MIR et la fluorescence) mènent principalement à l'évaluation de deux facteurs discriminants permettant une bonne caractérisation des divers groupes de laits selon les systèmes d'alimentation et la période de lactation. Les résultats obtenus, qui n'ont pas été observés par l'AFD exécutée sur les jeux de données séparés de MIR ou de fluorescence, ont indiqué que l'approche utilisant toutes les informations contenues dans l'infrarouge et la fluorescence frontale enregistrées sur des échantillons de lait était efficace pour obtenir une bonne discrimination des laits selon la source protéique utiliseé en complementation des brebis.

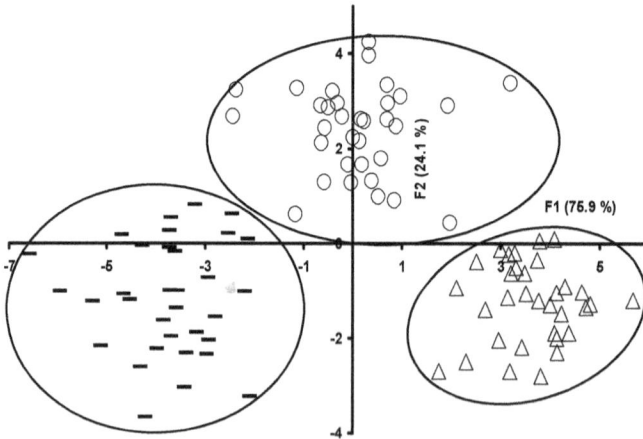

Figure 21: Analyse factorielle discriminante réalisée sur la matrice de concatenation des premières composantes principales des ACP réalisées sur les données spectrales MIR (3000-2800, 1700-1500 et 1500-900 cm^{-1}) et de spectroscopie de fluorescence enregistrés sur les laits de brebis nourries de fèverole (o), soja (−) et concentré (Δ).

Tableau 7: Classifications des échantillons de lait des 3 lots dans les régions spectrales (3000-2800 cm^{-1},1700-1500 cm^{-1} et 1500- 900 cm^{-1}), concaténation MIR et concaténation MIR + Fluorescence.

Prédits / Observés	C.Commercial	Féverole	Soja	% de bonne classification
MIR : région spectrale : 3000 – 2800 cm^{-1}				
C.Commercial	**25**	7	1	75,8
Féverole	15	**7**	11	21,2
Soja	12	4	**17**	51,5
Total				**49,5**
MIR : région spectrale : 1700 – 1500 cm^{-1}				
C.Commercial	**18**	6	9	54,6
Féverole	8	**15**	10	45,5
Soja	5	7	**21**	63,6
Total				**54,6**
MIR : région spectrale : 1500 – 900 cm^{-1}				
C.Commercial	**17**	12	4	51,5
Féverole	8	**13**	12	39,4
Soja	5	8	**20**	60,6
Total				**50,5**
Concaténation: MIR (3000-2800 + 1700-1500 +1500-900 cm^{-1})				
C.Commercial	**30**	2	1	90,9
Féverole	4	**20**	9	60,6
Soja	3	9	**21**	63,6
Total				**71,7**
Concaténation: MIR + fluorescence				
C.Commercial	**33**	-	-	100
Féverole	1	**31**	1	93,9
Soja	-	-	**33**	100
Total				**98**

V. Conclusions

La spectroscopie de fluorescence frontale (SFF), de part la facilité et la rapidité de la mise en œuvre de ses mesures apparaît comme une méthode prometteuse pour la discrimination des laits de brebis alimentées de différentes sources azotées. L'analyse en composante principale (ACP) appliquée séparément aux données spectrales a montré seulement une faible discrimination entre des échantillons de lait basée sur les stades de lactation et la composition des régimes. Des résultats semblables ont été obtenus en appliquant séparément l'analyse factorielle discriminante (AFD). Dans une deuxième étape, la technique de concaténation a été appliquée aux spectres de fluorescence frontale. Les résultats obtenus ont montré une bonne discrimination entre les échantillons de lait selon la nature de la source azotée utilisée en complémentation. La SFF a montré que les échantillons de lait des brebis alimentées par la féverole ont été moins oxydés que ceux des brebis alimentées de soja. Ainsi, on peut annoncer que la féverole à un pouvoir anti-oxydant et par voie de conséquence le lait des brebis nourries de féverole est de bonne qualité nutritionnelle.

La spectroscopie moyen infrarouge (MIR) couplée aux méthodes statistiques multidimensionnelles a été ensuite utilisée pour discriminer les laits des trois lots(C, S et F). La meilleure discrimination a été obtenue en étudiant conjointement les trois régions spectrales (3000-2800 + 1700-1500 +1500-900 cm^{-1}) et ce en appliquant la technique de concaténation. En effet, 71,7% des échantillons de laits ont été correctement classsés. En se basant sur les résultats obtenus à travers ce travail, on peut conclure que la spectroscopie de fluorescence frontale et infrarouge apparaissent comme des méthodes prometteuses pour contrôler des changements du lait des brebis selon la composition des régimes alimentaires. Ces techniques fournissent des informations non pas sous la forme d'une variable unique mais sous la forme d'un signal qui est assimilable à une empreinte digitale. Ce signal est aussi un spectre qui peut être interprété sur le plan moléculaire aux moyens des outils chimiométriques.

CONCLUSIONS GENERALES

Le premier objectif de ce travail de thèse consisté a étudié l'effet de la nature de la source protéique sur les performances laitières des brebis et pondérales des agneaux. Les résultats obtenus ont montré que la production totale a été plus élevée chez les brebis du lot (F) (75, 21 l). Sur le plan qualitatif, le pH, la densité et le point de congélation du lait des trois lots étaient comparables. Les valeurs moyennes du taux butyreux et du taux protéique sont très proches surtout pour les lots (F) et (S). Les teneurs moyennes du lait en lactose étaient comparables pour les 3 lots. La croissance des agneaux et agnelles, de la naissance jusqu'à l'âge de 70 jours, est identique pour les animaux des 3 lots. Toutefois, la supériorité du gain moyen quotidien 10 à 30 jours des animaux du lot (F) pourrait être attribuée au niveau de production laitière élevé de leurs mères. Cet essai a montré que l'emploi de la féverole en remplacement du tourteau de soja dans les régimes des brebis laitières a engendré des performances comparables. Elle peut donc constituer une source azotée alternative intéressante en remplacement du tourteau de soja importée et contribuer ainsi à l'autonomie protéique et à la rentabilité des exploitations ovines en Tunisie.

Ensuite notre attention s'est portée sur le potentiel de la spectroscopie de fluorescence frontale et moyen infrarouge couplés aux méthodes d'analyses multidimensionnelles pour discriminer les laits de brebis Sicilo-Sardes selon la nature de la source protéique utilisée en complémentation. Les spectres de fluorescence des tryptophanes, des acides aminés aromatiques et acide nucléique, de la riboflavine et de la vitamine A ont été enregistrés. Les traitements statistiques (ACP, AFD) appliqués aux spectres de ces quatre sondes fluorescentes intrinsèques ont permis de discriminer relativement bien les laits des 3 lots. La meilleure discrimination étant obtenue avec la vitamine A.

Du fait de la complexité du produit étudié, les résultats obtenus indiquent que l'utilisation d'une seule sonde fluorescente n'est pas suffisante pour obtenir une bonne discrimination des laits en fonction du régime alimentaire. Il nous a semblé judicieux de combiner les informations fournies par les différentes sondes. Une meilleure discrimination des laits a été obtenue en analysant conjointement les différentes régions spectrales: cette analyse combinée a été réalisée en utilisant la technique de concaténation. Les résultats obtenus ont montré que les spectres de fluorescence enregistrés sur un lait sont des empreintes digitales du produit qui permettent de l'identifier. Il est possible de discriminer les laits des brebis nourries avec la fèverole de ceux des brebis nourries de tourteau de soja. Ensuite, le potentiel de la spectroscopie moyen infrarouge couplée aux techniques chimiométriques à discriminer des laits des 3 lots de brebis a été testé. Des informations pertinentes ont été collectées dans les trois regions spectrales 3000-2800, 1700-1500 et 1500-900 cm⁻. Nous avons montré que du fait de la présence de fluorophores et de chromophores, les spectres de fluorescence et infrarouge renferment des informations structurales sur les protéines et la matière grasse, deux des principaux constituants du lait. Les spectroscopies de fluorescence frontale et moyen infrarouge en combinaison avec les méthodes statistiques multidimensionnelles présentent un potentiel intéressant pour le développement de tests rapides et non destructifs du lait. En dehors des applications méthodologiques et technologiques de ces techniques très poussées, il serait possible et interessant de les intégrer dans les méthodologies rapides de caractérisation des produits laitiérs et la définition des produits en fonction de leurs origines (Appellation d'Origine Protégée), régions (Indication Géographique Protégée) et leurs modes de production.

REFERENCES BIBLIOGRAPHIQUES

AOAC. 1985. Association of official analytical chemists. Official methods of analysis 14th ed. Washington D.C.

Atti, N., Rouissi, H., 2003 La production de lait de brebis Sicilo Sarde: Effet de la nature de pâturage et du niveau de la complémentation. Annales de l' I.N.R.A de Tunisie 76:209-224.

Baldwin, J.A.,Horton, G. M. J., Wholt, J.E., Palatini ,D. D and Emanuele,S.M .,1993. Rumen protected methionine for lactation, wool and growth in sheep. Small Ruminant Research 12: 125-132

Bertrand, D. and Scotter, C.N.G. 1992. Application of multivariate analyses to NIR spectra of gelatinized starch. Appl. Spectros., 46:1420-1425.

Bocquier, F., Caja, G., 2001. Production et composition du lait de brebis: Effets de l'alimentation. INRA Prod. Anim., 14(2): 129-140.

Boubellouta, T., and Dufour E. 2008. Effects of Milk Heating and Acidification on the Molecular Structure of Milk Components as Investigated by Synchronous Front-Face Fluorescence Spectroscopy Coupled with Parallel Factor Analysis : Journal of Applied Spectroscopy, volume 62, Number 5, 2008.

Chenost, M. 1987. Influence de la complémentation sur la valeur alimentaire et l'utilisation des mauvais foins et des pailles par les ruminants. *In: « Les fourrages secs: Récolte, traitement, utilisation »*, Demarquilly C. (Ed), INRA, Paris, 183-198.

Chermiti, A. 1994. Utilisation des pailles de céréales traitées à l'ammoniac et à l'urée par différentes espèces de ruminants dans les pays d'Afrique du Nord. Thèse de Doctorat en Sciences Agronomiques, Université de Louvain. Louvain - La - Neuve, Belgique. 213 p.

Coates, J. 2000. Interpretation of infrared spectra, a practical approach. In Encyclopedia of analytical chemistry. R. A. Meyers Ed. Hichester, UK: Wiley, pp. 1815-1837.

Collomb, M., Bütihofer, U., Sieber, R., Bosset, J-O. and Jeangros, B. 2002. Conjugated linoleic acid composition of cow's milk fat produced in lowlands and highlands. J.Dairy Res., 68: 519-523.

Dufour, E. and Riaublanc, A. 1997. Potentiality of spectroscopic methods for the characterisation of dairy products, II. Mid infrared study of the melting temperatureof cream triacylglycerols and of the solid fat content in cream. Le lait, 77: 671-681.

E.S.E.A. 2005. Enquête de Structure des Exploitations Agricoles. Ministère de l'Agriculture et de L'Environnenment.

Grappin, R., Lefier, D. et Mazerolles, G. 2000. Analyse du lait et des produits laitiers. *In:* La spectroscopie infrarouge et ses applications analytiques. D. Bertrand, & E. Dufour, Eds. Tec & Doc, Paris, pp. 497- 540.

Hansen, E., and Skibsted, L. H. 2000. Light-induced oxidative changes in a model dairy spread. Wavelength dependence of quantum yields. Journal of Agriculture and Food Chemistry, 48: 3090–3094.

Hebert, S. 1999. Caractérisation de la structure moléculaire et microscopique de fromages à pâte molle. Analyse multivariée des données structurales en relation avec la texture. Thèse. Ecole Doctorale Chimie Biologie de l'Université de Nantes, France, 118 pp.

Hebert, S., Mouhous Riou, N., Devaux, M.F., Riaublanc, A., Bouchet, B., Gallant, J.D. et Dufour, E.2000. Monitoring the identity and the structure of soft cheeses by fluorescence spectroscopy. Le Lait, 80:621-634.

Journet, M., Faverdin, P., Remond, B., Vérité, R., Marquis, B., Ollier, A., 1983. Niveau et qualité des apports azotés en début de lactation. Bull. Tech. C.R.V.Z. Theix, INRA. 51: 7-17.

Karoui, R., Mazerolles, G., Dufour, E. 2003. Spectroscopic techniques coupled with chemometric tools for structure and texture determinations in dairy products: A review. International Dairy Journal, 13 : 607-620.

Karoui, R., Dufour, E., Pillonel, L., Picque, D., Cattenoz, T., & Bosset, J.O. 2004. Fluorescence and infrared spectroscopies: a tool for the determination of the geographic origin of Emmental cheeses manufactured during summer. Lait, 84: 359-374.

Karoui, R. 2004. Contribution à l'étude des propriétés rhéologiques et à la détermination de l'origine géographique des fromages aux moyens des méthodes spectroscopiques et chimiométriques. Thèse, Ecole Doctorale des sciences de la vie et de la santé de l'Université Blaise Pascal de Clermont-Ferrand, France, 118 pp.

Karoui, R., Martin, B., et Dufour, E. 2005. Potentiality of front face fluorescence spectroscopy to determine the geographic origin of milks from Haute-Loire department (France). Le lait, 85 : 223-236.

Karoui, R., Dufour, E., and De Baerdemaeker, J. 2007. Monitoring the molecular changes by front face fluorescence spectroscopy throughout ripening of a semi-hard cheese. Food Chemistry, 104: 409-420.

Kikugawa, K., and Beppu, M. 1987. Involvement of lipid oxidation products in the formation of fluorescent and cross-linked proteins. Chemical and Physical Lipids, 44:277–296.

Maâmouri, O et Rouissi, H., 2008. Effet de la nature de la source azotée sur les performances de production laitière (quantité et qualité) chez la race ovine Sicilo-Sarde au cours de la phase d'allaitement. Ren. Rech Ruminants, 15, p : 303.

Maâmouri, O., Rouissi, H., Dridi, S., Kammoun , M., De Baerdemaker, J and Karoui, R. 2008. Mid infrared attenuated total reflexion spectroscopy as a rapid tool to assess the quality of Sicilo- Sarde ewe's milk during the lactation period after replacing soybean meal with scotch bean   in the feed ration. Food Chemistry, 106: 361-368.

Martin-del-Campo, S.T., Picque, D., Cosio-Ramirez, R. and Corrieu, G. 2007. Middle infrared spectroscopy characterization of ripening stages of camembert-type cheeses. International Dairy Journal, 17: 835-845.

Martín-del-Campo, S. T., Bonnaire, N., Picque, D., & Corrieu, G. 2009. Initial studies into the characterisation of ripening stages of Emmental cheeses by mid-infrared spectroscopy. Dairy Science Technology, 89: 155-167.

Miquel-Becker, E., Christensen J., Frederiksen C.S. et Haugaard V.K. 2003. Front face fluorescence spectroscopy and chemometrics in analysis of yogurt : rapid analysis of riboflavin. J.Dairy Sci., 86 : 2508-2515.

Moujahed, N., Jounaidi A., Kayouli, C and Damergi, C., 2008. Effects of management system on performances of the Sicilo-Sarde ewes farmed in Northern Tunisia. Options Méditerranéennes, Séries A., 85 : 393-397.

Moujahed, N., Ben Henda N., Darej C., Rekik B., Damergi C et Kayouli C 2009. Analyse des principaux facteurs de variation de la production laitière et de la composition du lait chez la brebis Sicilo-Sarde dans la région de Béja (Tunisie). Livestock Research for Rural Development, Volume 21, N° 4.

Paradkar, M.M., Sivakesava, S. and Irudayaraj, J. 2003. Discrimination and classification of adulterants in maple syrup with the use of infrared spectroscopic techniques. Journal of the Science of Food and Agriculture, 83: 714-721.

Pedersen, D. K., Morel, S., Andersen, H. J., and Engelsen, S. B. 2003. Early prediction of water-holding capacity in meat by multivariate vibrational spectroscopy. Meat Science, 65: 581–592.

Rouissi, H., Atti, N., Mahouachi, M et Rekik, B., 2006. Effet de la complémentation azotée sur les performances zootechniques de la chèvre locale. Tropicultura. 24 (2): 111-114.

Rouissi, H., Dridi S., Kammoun , M., De Baerdemaeker ,J et Karoui ,R. 2007. Front face fluorescence spectroscopy : a rapid tool for determining the effect of replacing soybean meal with scotch bean in the ration on the quality of Sicilo-Sarde ewe's milk during lactation period. European Food Research and Technology, 217 (2007).

Rouissi, H., Kamoun, M., Rekik, B., Tayachi, L., Hammami, S et Hammami, M., 2008a. Etude de la Qualité du Lait des Ovins Laitiers en Tunisie. Options Méditerranéennes, Séries A., 78 : 307-311.

Rulquin, H., Vérité, R., Guinard-Flament, J., Pisulewski, P.M., 2001. Acides aminés digestibles dans l'intestin. Origines des variations chez les ruminants et répercussions sur les protéines du lait. INRA Prod. Anim., 14(3) : 201-210.

Sauvant, D., 1981. Prévision de la valeur énergétique des aliments concentrés composes pour les ruminants. Prévision de la valeur nutritive des aliments des ruminants. Tables des previsions de la valeur alimentaire des fourrages. pp: 237-258.

Selmi, H., Maâmouri, O., Ben Gara, A., Hammami, M., Rekik, B., Kammoun, M and Rouissi, H. 2010. Replacing Soya by Scotch Beans Affects Milk Production in Sicilo- Sarde Ewes Fed Concentrate During the Suckling Period. Am. Eu. J. Agr, 3(1): 18-20.

Sevi, A., Albenzio, M., Annicchaiarico, G., Caroprese, M., Marino, R and Taibi, L., 2002 Effects of ventilation regimen on the welfare and production performance of lactating ewes in summer. Journal of Animal Science 80.2341- 2353.

Sivakesava, S. and Irudayaraj, J. 2001. A rapid spectrscopic technique for determining honey adulteration with corn syrup. Journal of Food Science, 66:787-792.

Upreti, P., and Metzger, L. E. 2006. Utilization of Fourier Transform infrared spectroscopy for measurement of organic phosphorus and bound calcium in cheddar cheese. J. Dairy Sci., 89:1926-1937.

Wold, J.P., Jorgensen, K. et Lundby, F. 2002. Non destructive measurement of light-induced oxidation in dairy products by fluorscence spectroscopy and imaging. J. Dairy Sci., 85 :1693-1704.

Zaïdi, F., Rouissi, H., Dridi, S., Kammoun, M., De Baerdemaeker, J., and Karoui, R. 2008. Front face fluorescence spectroscopy as a rapid and non destructive tool for differentiating between Sicilo-Sarde and Comisana ewe's milk during lactation period: a preliminary study. Food and Bioprocess Technology, 1: 143-155.

www.ingramcontent.com/pod-product-compliance
Lightning Source LLC
Chambersburg PA
CBHW020314220326
41598CB00017BA/1557